"十三五"职业教育 | 21世纪高等院校移动开发
国家规划教材 | 人才培养规划教材

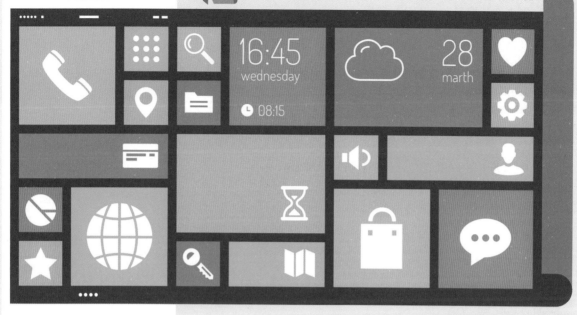

⊕ 张晓景 李晓斌 主编　⊕ 任清元 吴丽 侯悦 副主编

移动UI界面设计 微课版

U0220211

人民邮电出版社

北　京

图书在版编目（CIP）数据

移动UI界面设计：微课版 / 张晓景，李晓斌主编
. -- 北京：人民邮电出版社，2018.6（2022.12重印）
21世纪高等院校移动开发人才培养规划教材
ISBN 978-7-115-47588-6

Ⅰ. ①移… Ⅱ. ①张… ②李… Ⅲ. ①移动电话机－
人机界面－程序设计－高等学校－教材 Ⅳ. ①TN929.53

中国版本图书馆CIP数据核字（2017）第322131号

内 容 提 要

本书主要讲解了 iOS 和 Android 两种主流智能手机操作系统界面和 App 元素。全面解析了各类 App 界面的绘制方法与技巧。

本书共 4 章。第 1 章主要讲解移动 UI 的设计概论，度量单位、图片格式、设计原则和设计流程以及当今两大主流系统的基本知识。第 2 章和第 3 章，分别讲解了 iOS 和 Android 两种主流智能手机操作系统设计规范和设计原则，以及图形、控件、图标和完整界面的具体制作方法。第 4 章，主要通过 App 的设计实战向读者展示如何制作不同类型的 App 界面。

本书配套全书案例的素材、源文件和教学视频，读者可以结合书、练习文件和教学视频，提升 App 界面设计学习效率。

本书既适合 UI 设计爱好者、App 界面设计从业者阅读，也适合作为各院校相关设计专业的参考教材。

♦ 主　　编　张晓景　李晓斌
　　副主编　任清元　吴　丽　侯　悦
　　责任编辑　刘　佳
　　责任印制　马振武

♦ 人民邮电出版社出版发行　　北京市丰台区成寿寺路 11 号
　　邮编　100164　　电子邮件　315@ptpress.com.cn
　　网址　http://www.ptpress.com.cn
　　北京瑞禾彩色印刷有限公司印刷

♦ 开本：787×1092　1/16
　　印张：12　　　　　　　　　　2018 年 6 月第 1 版
　　字数：467 千字　　　　　　　2022 年 12 月北京第 15 次印刷

定价：59.80 元

读者服务热线：(010)81055256　印装质量热线：(010)81055316
反盗版热线：(010)81055315
广告经营许可证：京东市监广登字 20170147 号

PREFACE

前 言

在科技不断发展的今天，手机与大众生活的关系日益密切，其功能也越来越强大。而手机的软件系统已成为用户直接操作的主体，它因美观实用、操作便捷而为用户所青睐，因此用户界面设计的规范性就显得尤为重要。

本书主要针对 iOS 和 Android 这两种操作系统的构成元素，由浅入深地讲解了初学者需要掌握的基础知识和感兴趣的操作技巧，全面解析了各种元素的具体绘制方法。全书结合制作第三方的实例进行讲解，详细地介绍了制作的步骤和软件的应用技巧，使读者能轻松地学习并掌握。

内容安排

本书共分为 4 章，每章的主要内容如下。

第 1 章"移动 UI 设计基础"主要为 UI 的设计概论、App 的设计流程以及 iOS、Android 这两种系统的发展情况。

第 2 章"iOS App 系统应用"主要介绍了 iOS 的界面设计规范、图标、用户界面元素以及控件的制作方式。读者在了解设计原则及规范的基础上，可以制作出完整的第三方 App 界面，包括浏览器界面、闹钟界面和播放器界面等。

第 3 章"Android App 系统应用"主要介绍了 Android 系统 UI 设计基础，以及界面设计规范和 App 的常用结构。读者通过对基础知识的了解，结合对前面基础内容的掌握，可以绘制出完整的 Android App 界面，包括主题壁纸界面、登录界面和好友联系人界面等。

第 4 章"App 应用实战"主要讲解了 App 的分类，并通过 5 个案例详细展示了不同类型 App 界面的制作。

本书主要根据读者学习的难易程度，以及在实际工作中的应用需求来安排章节，真正做到为读者考虑，让不同基础的读者更有针对性地学习，强化自己的弱项，并有效帮助 UI 设计爱好者提高操作效率。

本书特点

本书采用理论知识与操作案例相结合的编写方式，主要特点如下。

• 语言通俗易懂

本书采用通俗易懂的语言全面地向读者介绍 iOS 和 Android 这两种系统界面设计所需的基础知识和操作技巧，确保读者能够理解并掌握相应的功能与操作。

• 基础知识与操作案例相结合

本书摒弃了传统教科书的纯理论式编写方式，采用了少量基础知识与大量操作案例相结合的模式。

- 技巧和知识点的归纳总结

本书在基础知识和操作案例的讲解过程中列出了大量的提示，这些信息都是作者从长期的 UI 设计经验与教学经验中归纳出来的，它们可以帮助读者更准确地理解和掌握相关的知识点与操作技巧。

- 思政课堂

本书精心设计了 4 个思政小案例，因势利导，依据专业课程的特点，采取了恰当方式，自然融入中华传统文化、职业素养等元素。注重挖掘课程中的思政教育要素，弘扬精益求精的专业精神、职业精神和工匠精神。有意识地培养学生的创新精神，将"为学"和"为人"相结合。

- 配套资源丰富

为了增加读者的学习渠道，增强读者的学习兴趣，本书配有多媒体教学资源。配套资源包含书中所有案例的相关素材和源文件，以及书中所有案例的视频教学。读者可以跟着本书做出相应的设计效果，并能够快速应用于实际工作中。

读者对象

本书适合 UI 设计爱好者、想进入 UI 设计领域的读者朋友和大中专设计专业的学生阅读，同时对专业设计人士也有很高的参考价值。希望读者通过对本书的学习，能够早日成为优秀的 UI 设计师。

编　者

2021 年 10 月

Contents

ONTENTS

目 录

第4章　App 应用实战

移动UI设计基础

移动用户界面是用户与手机系统应用交互的窗口。移动界面的设计不仅要时尚美观，还需注重各个功能的整合，力求使用户毫无障碍、快捷有效地使用各个功能，从而提高用户体验。移动界面的设计都是基于手机系统的基础之上。本书主要对Android和iOS两种系统进行详细的介绍。

1.1 UI 设计概论

用户界面（User Interface，UI）设计是指对软件的人机交互、操作逻辑和界面美观的整体设计。好的 UI 设计不仅要让软件变得具有个性、品味，还要让软件的操作变得舒适、简单、自由，充分体现软件的定位和特点。

1.1.1 什么是 UI 设计

UI 包含 UI 交互、UI 界面和 UI 图标三个部分。UI 的本意是用户界面，是英文 User 和 Interface 的缩写，从字面上看是由用户与界面两部分组成的，但实际上还包括用户与界面之间的交互关系。UI 设计是为了满足专业化、标准化需求而对软件界面进行美化、优化和规范化的设计分支，具体包括软件启动界面设计、软件框架设计、按钮设计、面板设计、菜单设计、标签设计、图标设计、滚动条即状态栏设计、安装过程设计、包装及商品化等，如图 1-1 所示。

图1-1

主要性能

UI 设计要保证设计出的作品达到元素外观一致、设计目标一致、交互行为一致、可理解、可控制和可达到。

- 元素外观一致：交互元素的外观往往影响用户的交互效果。同一类软件采用一致风格的外观，对于保持用户焦点、改进交互效果有很大帮助。

- 设计目标一致：软件中往往存在多个组成部分（组件、元素），不同组成部分之间的交互设计目标需要一致。

- 交互行为一致：在交互模型中，不同类型的元素用户触发其对应的行为事件后，其交互行为需要一致。

- 可理解："软件要为用户使用"，用户必须可以理解软件各元素对应的功能。

- 可控制：软件的交互流程，用户可以控制。控制功能的执行流程，用户可以控制。

- 可达到：用户是交互的中心，交互元素对应用户需要的功能。因此交互元素必须可以被用户控制。

相关控件

绘制、数据和控制为 UI 控件的三要素。绘制是第一时间展现在人们视线中的每一个控件的样子，就跟人的相貌一样。接下来就是数据，控件也需要自己的数据，如果没有数据，这些控件的使用将会变得没有意义。最后一个是控制，最典型的就是 button，这是用户与界面交互的关键。

- iOS UI 控件：Button 控件、开关控件、滑块控件、工具栏、Web View 等。

- Android UI 控件：文本控件、按钮控件、状态开关控件、单选与复选按钮、图片控件、时钟控件、日期和时间选择控件等。

1.1.2 什么是 App

App 即手机软件，也就是安装在手机上的软件，完善原始系统的不足与个性化。随着科技的发展，现在手机的功能也越来越多，越来越强大，不像过去那么简单死板，目前已发展到可以和掌上电脑相媲美。

App的下载平台

从不同系统下载的 App，其文件格式也各不相同。下面详细列举现在主流的 App 应用商店和相应的 App 格式。

- iOS 系统：App 格式有 ipa，pxl，deb，这里的 App 都是用在 iPhone 系列的手机和平板电脑上，这类手机在中国市场的占用率大概是 10% 多一点。目前比较著名的 App 商店是 iTunes 商店里面的 App Store。因为 iOS 系统的不开源性，iOS 系统的 App 商店就只有苹果公司的 App Store，所有使用 iPhone手机、Mac 电脑或者 iOS 系统的平板电脑的用户通常只能在 App Store 上面下载 App，如图 1-2 所示。

图1-2

提 示

面对众多的智能系统下载平台，很多人其实并不看重系统是什么，而更在乎的是使用智能手机可以带来怎样的用户体验，这自然而然就和用户相挂钩了。苹果App Store的成功很大程度上取决于其高质量的应用，这一点毋庸置疑。如今，XY苹果助手应用平台已经拥有接近60万的应用数量，下载量更是突破250亿，这样的成绩也给竞争对手带来了很大的压力。

- Android 格式为 apk，在市场的占有率将近 80%。其 Android 的应用可通过安卓市场进行下载，如图 1-3 所示。

图1-3

开发App的编程语言

App 创新性开发始终是用户的关注焦点，而商用 App 客户端的开发更得到诸多网络大亨的一致关注与赞许。与趋于成熟的美国市场相比，我国开发市场正处于高速发展阶段。App 的开发语言有很多种，主要为以下三种，如图 1-4 所示。

- iOS 平台的开发语言为 Objective-C。
- Android 开发语言为 Java。

图1-4

移动App带来的好处

移动 App 一般是指手机中使用的第三方应用软件。App 给人们的生活带来的好处可分为以下几点。

- App 基于手机的随时随身性、互动性特点，容易通过微博、SNS 等方式分享和传播，实现裂变式增长。
- App 的开发成本相比传统营销手段成本更低。

- 通过新技术以及数据分析，App 可实现精准定位企业目标用户，使低成本快速增长成为可能。
- 用户手机安装 App 以后，企业即埋下一颗种子，可持续与用户保持联系。

1.1.3　移动 App UI 与平面 UI 的区别

无论是身为手机软件的开发工作人员，还是掌握手机 App 的客户经理、项目经理或者用户界面体验设计师，掌握手机 App 和平面 UI 的区别非常重要。在此向大家分享一下手机 App 客户端 UI 设计方面的内容，也希望彼此能够互相帮助，让用户拥有更好的新界面体验，如图 1-5 所示。

图1-5

提　示

UI 设计的概念一般被理解为界面美化设计——用户界面设计。一个成功的界面设计在于，让客户感受到网站的友好、舒适、简捷和实用。

移动 UI 的平台主要是手机的 App 客户端。而平面 UI 的范围则非常广泛，包括绝大部分 UI 的领域。手机 UI 的独特性，比如尺寸要求、控件和组件类型，使得很多平面设计师要重新调整审美基础。手机的界面设计完全可以做到完美，但需要无数设计师的共同创新和努力。很多设计师存在的问题是不能合理布局，不能合理转化网站设计的构架理念到手机界面的设计上。

有些设计师常常会觉得手机界面限制非常多，觉得创意性发挥空间太小，表达的方式也非常有限，甚至觉得很死板。但真实的情况并不是这样，通过了解手机的空间，应用合理的创意，同样可以完成优秀的 UI 设计。需要注意的是，手机 UI 设计受到手机系统的限制。因此，在设计手机 UI 时，要先确认适用的系统。图 1-6 所示为 iOS 系统和 Android 系统界面对比。

图1-6

提　示

App 可以在它已有的基础模式上升级产品，甚至是创造产品。界面设计师的思维要转变，主要体现在两方面：一是提升设计基本功，一个合格的设计师无论是境界、内心还是生活都需要不断扩展和提升；二是从自身出发提出好的设计理念，而不是从外在的环境中模仿。

1.1.4　制作 App UI 的常用软件

制作 App UI 比较常用的手机 UI 界面设计软件有 Photoshop、Illustrator 和 3ds Max 等。利用这些软件各自的优势和特征，可以创建 UI 界面中的不同部分。此外，IconCool Studio 和 Image Optimizer 等小软件也可以用来快速创建和优化图像。接下来简单对这几种软件进行介绍。

Photoshop

Adobe Photoshop（PS）是美国 Adobe 公司旗下最为出名的图像处理软件系列之一，为集图像扫描、编辑修改、图像制作、广告创意、图像输入与输出于一体的图形图像处理软件，如图 1-7 所示。本书中所有的案例都将使用 Photoshop 进行制作。

图1-7

Photoshop 的软件界面主要由 5 部分组成：工具箱、菜单栏、选项栏、面板和文档窗口，如图 1-8 所示。

图1-8

思政案例

- 工具箱：工具箱中存放着一些比较常用的工具，如"移动工具""画笔工具""钢笔工具""横排文字工具"和各种形状工具等。此外，设置前景色和背景色也在工具箱中进行，如图 1-9 所示。

- 菜单栏：菜单栏中包括"文件""编辑""图层""类型""选择""滤镜""3D""视图""窗口"和"帮助"等 11 个菜单项，涵盖了 Photoshop 中近乎全部的功能，用户可以在一个菜单中找到相关的功能，如图 1-10 所示。

图1-9　　　　　图1-10

- 选项栏：选项栏位于菜单栏底部，主要用于显示当前使用工具的各项设置参数，是实现不同处理和绘制效果的主要途径之一。不同工具选项栏会显示不同的参数。图 1-11 所示分别为"油漆桶工具""吸管工具"和"文字工具"的选项栏。

图1-11

- 面板：用户可以通过"窗口"菜单打开不同的面板，这些面板主要用于对某种功能或工具进行进一步的设置，最为常用的是"图层"面板，如图 1-12 所示。
- 文档窗口：文档窗口是显示文档的区域，也是进行各种编辑和绘制操作的区域，如图 1-13 所示。

图1-12

图1-13

Illustrator

Adobe Illustrator 是美国 Adobe 公司推出的应用于出版、多媒体和在线图像的工业标准专业矢量绘图工具。作为一款非常好的图片处理工具，Adobe Illustrator 广泛应用于印刷出版、专业插画、多媒体图像处理和互联网页面的制作等，也可以为线稿提供较高的精度和控制，适合生产任何小型设计到大型的复杂项目。

Adobe Illustrator 的界面同样由 5 部分组成：菜单栏、选项栏、工具箱、文档窗口和面板，如图 1-14 所示。

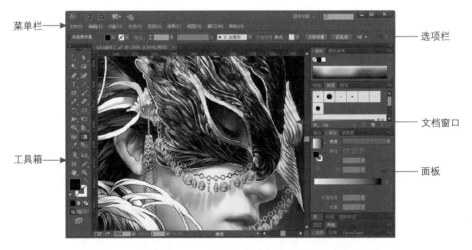

图1-14

提 示

Adobe Illustrator软件使用Adobe Mercury支持，能够高效、精确处理大型复杂文件，可以快速精确地设计流畅的图案以及对描边使用渐变效果。其强大的性能系统提供各种形状、颜色、复杂效果和丰富的排版，可以自由尝试各种创意并传达设计者的创作理念。

- 菜单栏：菜单栏用于组织菜单内的命令。Illustrator CC 有 10 个主菜单，每一个菜单中都包含不同类型的命令。例如，"滤镜"菜单中包含各种滤镜命令，"效果"菜单中包含了各种效果命令。

- 选项栏：显示当前所选工具的选项。所选的工具不同，选项栏中的选项内容也会随之改变。选项栏也称控制栏。
- 工具箱：工具箱中包含用于创建和编辑图像、图稿和页面元素的工具。
- 文档窗口：文档窗口显示了正在使用的文件，它是编辑和显示文档的区域。
- 面板：用于配合编辑图稿、设置工具参数和选项等内容。很多面板都有菜单，包含特定于该面板的选项，可以对面板进行编组、堆叠和停放等操作。

3ds Max

3ds Max（3D Studio Max）是 Autodesk 公司开发的三维动画渲染和制作软件，广泛应用于广告、影视、工业设计、建筑设计、多媒体制作、游戏、辅助教学以及工程可视化等领域。图 1-15 所示为 3ds Max 的操作界面。

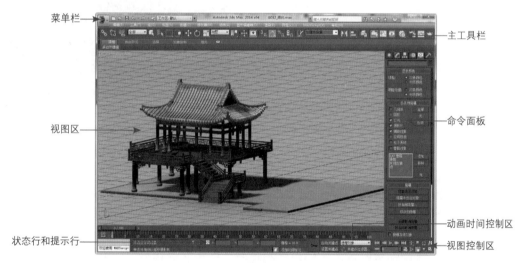

图1-15

- 菜单栏：菜单栏位于 3ds Max 2014 界面的上端，其排列与标准的 Windows 软件中的菜单栏有相似之处，其中包括"文件""编辑""工具""组""视图""创建""修改器""动画""图形编辑器""渲染""自定义""MAX Script"和"帮助"13 个项目。
- 主工具栏：主工具栏位于菜单栏的下方，由若干个工具按钮组成。通过主工具栏上的按钮可以直接打开一些控制窗口，如图 1-16 所示。

图1-16

- 动画时间控制区：动画时间控制区位于状态行与视图控制区之间，它们用于对动画时间的控制。通过动画时间控制区可以开启动画制作模式，随时对当前的动画场景设置关键帧，并且完成的动画可在处于激活状态的视图中进行实时播放，如图 1-17 所示。

图1-17

- 命令面板：命令面板由 6 个用户界面面板组成，使用这些面板可以访问 3ds Max 的大多数建模功能，以及一些动画功能、显示选择和其他工具，如图 1-18 所示。

图1-18

- 视图区：视图区在 3ds Max 操作界面中占据主要面积，是进行三维创作的主要工作区域。一般分为顶视图、前视图、左视图和透视图 4 个工作窗口。通过这 4 个不同的工作窗口，可以从不同的角度观察创建的模型，如图 1-19 所示。

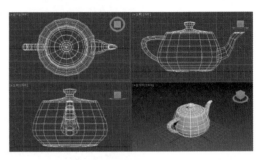

图1-19

- 状态行和提示行：状态行位于视图左下方和动画控制区之间，主要分为当前状态行和提示信息行两部分，用来显示当前状态及选择锁定方式，如图 1-20 所示。

图1-20

- 视图控制区：视图控制区位于视图右下角，其中的控制按钮可以控制视图区各个视图的显示状态，如视图的缩放、选择和移动等。

图 1-21 所示为几张立体图标示意图。若使用其他的二维绘图软件制作起来很麻烦，使用 3ds Max 很快就可以完成。

图1-21

提 示

使用3ds Max创建一个逼真的图标通常需要进行两项工作：建立模型和附材质，有些复杂的部分可能还需要UV和绘制贴图。

Image Optimizer

Image Optimizer 是一款图像压缩软件，可以对 JPG、GIF、PNG、BMP 和 TIFF 等多种格式的图像文件进行压缩。该软件采用一种名为 Magi Compress 的独特压缩技术，能够在不过度降低图像品质的情况下对文件体积进行减肥，最高可减少 50% 以上的文件大小。图 1-22 所示为 Image Optimizer 的操作界面。

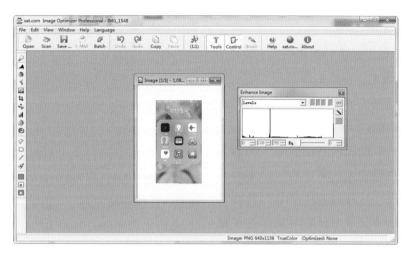

图1-22

IconCool Studio

IconCool Studio 是一款非常简单的图标编辑制作软件，里面提供了一些最常用的工具和功能，如画笔、渐变色、矩形、椭圆和选区创建等。此外，它还允许从屏幕中截图以进行进一步的编辑。IconCool Studio 的功能简单，操作直观简便，对 Photoshop 和 Illustrator 等大型软件不熟悉的用户可以使用这款小软件制作出比较简单的图标。图 1-23 所示为 IconCool Studio 的操作界面。

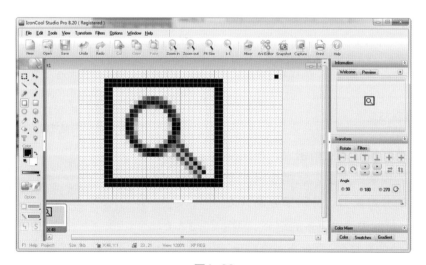

图1-23

1.2 手机界面设计尺寸的度量单位

在手机 UI 设计中，分辨率和尺寸的大小与手机 UI 界面设计有着密不可分的关系。在设计时只有详细了解被设计平台的精确参数，才能保证设计出的作品在该平台正常显示。

1.2.1 英寸

英寸是西方国家长度计数单位，1 英寸 = 2.539 999 918 厘米。手机的屏幕尺寸统一使用英寸来计量，其指的是屏幕对角线的长度，数值越高，屏幕越大。

市场上包括手机在内的很多电子产品的屏幕尺寸均使用英寸为计算单位，这是因为电子产品屏幕尺寸计算时使用的是对角线长度，而业界一般情况下也是将对角线的长度默认为屏幕尺寸的规格，如图 1-24 所示。

图1-24

> **提示**
>
> 常见的手机尺寸有3.5英寸、4英寸、4.3英寸、4.7英寸、5英寸、5.1英寸、5.5英寸和5.7英寸等规格。

1.2.2 分辨率

分辨率就是屏幕图像的精密度，是指显示器所能显示的像素的多少，泛指量测或显示系统对细节的分辨能力。分辨率越高代表图像质量越好，越能表现出更多的细节；但相对地，因为记录的信息越多，文件也就会越大。

> **提示**
>
> 当手机屏幕为240×320（像素）时，横向每行有240个像素点，纵向每列有320个像素点，则该手机屏一共有320×240=76 800个像素点。

在同样大的物理面积内，像素点越多显示得图像越清晰。以三星S7和三星S8来说，它们搭载了5.1寸和5.8寸屏幕，但是三星S7的分辨率是 2 560×1 440=3 686 400 个像素点；三星S8的分辨率是 2 960×1 440=4 262 400 个像素点，因此，三星S8比三星S7有更棒的图像显示效果，如图 1-25 所示。

图1-25

> **提示**
>
> 常用的分辨率单位包括以下几种：像素/英寸（ppi）：适用于屏幕显示；点/英寸（dpi）：适用于打印机等输出设备，线/英寸（lpi）：适用于印刷报纸所使用的网屏印刷技术。

> **提示**
>
> 在一般情况下，图像的分辨率越高，那么所包含的像素就越多，图像就越清晰；与此同时，它也会增加文件的存储空间。在屏幕尺寸不变的情况下，其分辨率不能超过它最大的合理尺寸，否则将失去意义。

下面列出几款目前手机的分辨率。

- iPhone 7 是 4.7 英寸 (1 英寸 =2.54 cm)，分辨率为 1 334×750 像素。
- iPhone 7 Plus 是 5.5 英寸，分辨率为 1 920×1 080 像素。
- Galaxy S8 是 5.8 英寸，分辨率为 2 960×1 440 像素。
- Galaxy Note 8 是 6.3 英寸，分辨率为 2 960×1 440 像素。
- 小米 6 是 5.15 英寸，分辨率为 1 920×1 080 像素。

图1-26

> **提示**
>
> 屏幕密度非常重要，因为在其他条件不变的情况下，一个宽高固定的 UI 组件（比如一个按钮）在低密度的显示屏上显得很大，而在高密度显示屏上看起来就很小。

1.2.3 屏幕密度

屏幕密度（ppi）是图像分辨率所使用的单位，意思是在图像中每英寸所表达的像素数目。从手机界面设计的角度来说，图像的分辨率越高，所打印出来的图像也就越细致与精密。实践证明，ppi 低于 240 的，人的视觉可以察觉出有明显的颗粒感；ppi 高于 300 的，则无法察觉。理论上讲，超过 300ppi 才没有颗粒感。屏幕的清晰程度其实是由分辨率和尺寸大小共同决定的，用 ppi 指数衡量屏幕清晰程度更加准确。屏幕密度的计算方法如图 1-26 所示。

1.2.4 网点密度

网点密度（dpi）一般是指印刷图片上每英寸的像素点数，类似于密度，用来表示图片的清晰度。在同样的宽高区域，低密度的显示屏能显示的像素较少，而高密度的显示屏则能显示更多的网点。

> **提示**
>
> 网点是印刷中最小的单位。在印刷过程中，网点的好坏程度直接关系着印刷品的质量。密度测量法就是控制和检验印刷品质量的最基本的方法。在用密度计测量网点密度时，实际上测量的还是密度，通过仪器内部的转换可以显示出网点面积率。

1.3 常见的图片格式

图像文件的存储格式主要可以分为两类，分别是位图和矢量。位图格式包括 PNG、GIF、JPEG、PSD、TIFF 和 BMP 等；矢量格式包括 AI、EPS、FLA、CDR 和 DWG 等。手机 UI 界面的各种元素通常仅会以 PNG、GIF 和 JPG 格式进行存储。

手机 UI 界面中的图标是一种计算机图形，它具有明确的指代含义，也常被称为 Logo。一个图标是一个小的图片或对象，代表一个文件、程序、网页或命令。图标有助于用户快速执行命令和打开程序文件，单击或双击图标以执行一个命令，图标页用于在浏览器中快速展现内容。其中手机界面中的图标是功能标识。图 1-27 所示为 iOS 9 的界面图标。

图1-27

1.3.1　位图

位图图像也可称为点阵图像或绘制图像，是由称作像素（图片元素）的单个点组成的。这些点可以进行不同的排列和染色以构成图样。当放大位图时，可以看见赖以构成整个图像的无数单个方块。扩大位图尺寸的效果是增大单个像素，从而使线条和形状显得参差不齐，如图 1-28 所示。

图1-28

PNG格式

PNG 格式为便携式网络图形格式，是网上接受的最新图像文件格式。PNG 格式能够提供长度比 GIF 小30% 的无损压缩图像文件。它同时提供 24 位和 48 位真彩色图像支持以及其他诸多技术性支持。由于 PNG 格式非常新，所以并不是所有的程序都可以用它来存储图像文件，但 Photoshop 可以处理 PNG 格式图像文件，也可以用 PNG 格式存储。PNG 格式的优缺点如下表所示。

优　势	缺　点
1. 支持高级别无损耗压缩	1. 较老的程序或浏览器不支持
2. 支持 Alpha 通道透明度	2. PNG 提供的压缩量较小
3. 支持伽玛校正	3. 对多图像文件或动画文件不提供支持
4. 支持交错	
5. 在 Web 浏览器上可浏览	

GIF

图形交换格式（GIF），是 CompuServe 公司在 1987 年开发的图像文件格式。GIF 文件的数据是一种基丁 LZW 算法的连续色调的无损压缩格式。其压缩率一般在 50% 左右，它不属于任何应用程序。几乎所有相关软件都支持这种格式，公共领域有大量的软件在使用 GIF 格式图像文件。

GIF 格式图像文件的数据是经过压缩的，而且采用了可变长度等压缩算法。所以 GIF 格式的图像深度从 l bit 到 8 bit，即 GIF 格式最多支持 256 种色彩的图像。GIF 格式的另一个特点是其在一个 GIF 格式文件中可以存多幅彩色图像，如果把存于一个文件中的多幅图像数据逐幅读出并显示到屏幕上，就可构成一种最简单的动画。GIF 格式的优缺点如下表所示。

优　势	缺　点
1. 采用无损压缩，可以保证图像的品质	1. 只有 256 种颜色
2. 支持动画	2. 在存储无透明区域、颜色极其复杂的图像时，文件体积会变得很大，不如 JPEG 格式
3. 支持透明存储，失真小，无锯齿	3. IE 6 以下版本不支持 PNG 格式的透明属性
4. 体积较小，被广泛应用于网络传输	

JPEG格式

JPEG 格式是目前网络上最流行的也是最常见的图像格式，是可以把文件压缩到最小的格式。JPEG 格式还是一种很灵活的格式，具有调节图像质量的功能，允许用不同的压缩比例对文件进行压缩，支持多种压缩级别。JPEG 格式压缩的主要是高频信息，压缩比率通常在 10∶1 到 40∶1 之间，压缩比越大，品质就越低；相反地，压缩比越小，品质就越好。它对色彩的信息保留较好，适用于互联网，可减少图像的传输时间，可以支持 24bit 真彩色，也普遍应用于需要连续色调的图像。JPEG 格式的优缺点如下表所示。

优　势	缺　点
1. 摄影或写实作品支持高级压缩	1. 有损耗压缩会使图片质量下降
2. 利用可变的压缩比控制文件大小	2. 压缩幅度过大，不能满足打印输出
3. 支持交错	3. 不适合存储颜色少、具有大面积相近颜色的区域，或亮度变化明显的简单图像
4. 广泛支持网络标准	

提 示

当重新编辑和保存 JPEG 格式文件时，JPEG 格式会混合原始图片数据的质量下降，而且这种下降是累积性的，也就是说每编辑存储一次就会下降一次。

PNG 格式、GIF 格式、JPEG 格式文件的图标如图 1-29 所示。

PNG格式　　　　GIF格式　　　　JPEG格式

图1-29

PSD格式

PSD 格式是 Photoshop 图像处理软件的专用文件格式，可以支持图层、通道、蒙板和不同色彩模式的各种图像特征，是一种非压缩的原始文件保存格式。扫描仪不能直接生成该种格式的文件。PSD 格式文件有时容量会很大，但由于可以保留所有原始信息，在图像处理中对于尚未制作完成的图像，选用 PSD 格式保存是最佳的选择。

TIFF格式

标签图像文件格式（TIFF），是由 Aldus 和 Microsoft 公司为桌上出版系统研制开发的一种较为通用的图像文件格式。TIFF 格式灵活易变，它又定义了四类不同的格式：TIFF-B 格式适用于二值图像；TIFF-G 格式适用于黑白灰度图像；TIFF-P 格式适用于带调色板的彩色图像；TIFF-R 格式适用于 RGB 真彩图像。

提 示

TIFF格式支持多种编码方法，其中包括RGB无压缩、RLE压缩、JPEG压缩等，是现存图像文件格式中最复杂的一种。它具有扩展性、方便性、可改性，可以提供给IBMPC等环境中运行、图像编辑程序。它由三个数据结构组成，分别为文件头、一个或多个称为IFD的包含标记指针的目录以及数据本身。

BMP格式

BMP 是一种与硬件设备无关的图像文件格式，使用非常广。它采用位映射存储格式，除了图像深度可选以外，不采用其他任何压缩，因此，BMP 格式文件所占用的空间很大。BMP 格式文件的图像深度可选 1 bit、4 bit、8 bit 及 24 bit。BMP 格式文件存储数据时，图像的扫描方式是按从左到右或从下到上的顺序。

提 示

由于BMP格式是Windows环境中交换与图有关的数据的一种标准，因此在Windows环境中运行的图形图像软件都支持BMP图像格式。典型的BMP格式图像文件由三部分组成：位图文件头数据结构，显示内容等信息以及定义颜色等信息。

PSD 格式、TIFF 格式、BMP 格式文件的图标如图 1-30 所示。

PSD格式　　　　TIFF格式　　　　BMP格式

图1-30

1.3.2　矢量图

矢量图，也称为面向对象的图像或绘图图像，是根据几何特性来绘制图形，矢量可以是一个点或一条线。矢量图只能靠软件生成，文件占用内在空间较小。因为这种类型的图像文件包含独立的分离图像，可以自由无限制地重新组合。它的特点是放大后图像不会失真，和分辨率无关，适用于图形设计、文字设计和一些标志设计以及版式设计等，如图 1-31 所示。

图1-31

AI格式

AI 格式是一种矢量图形文件的格式，适用于 Adobe 公司的 Illustrator 输出格式。与 PSD 格式文件相同，AI 格式也是一种分层文件，每个对象都是独立的，它们具有各自的属性，如大小、形状、轮廓、颜色和位置等。AI 格式的优点是占用硬盘空间小，打开速度块，并且方便转换专用文件矢量软件 Illustrator 格式。

CDR格式

CDR 格式是著名绘图软件 CorelDRAW 的专用图形文件格式，是一种矢量图软件。CDR 格式可以记录文件的属性、位置和分页等信息，但在兼容性上比较差，只能在 CorelDRAW 软件打开，不能在其他图形处理软件中打开。

CorelDRAW Graphics Suite 是加拿大 Corel 公司出品的矢量图形制作工具软件。这个图形工具给设计师提供了矢量动画、页面设计、网站制作、位图编辑和网页动画等多种功能。

EPS格式

EPS 格式是跨平台的标准格式，是专用的打印机描述语言，可以描述信息和位图信息。作为跨平台的标准格式，它类似于 CorelDRAW 的 CDR、Illustrator 的 AI 格式等。其扩展名在 PC 平台上是. eps，在 Macintosh 平台上是. epsf，主要用于矢量图像和光栅图像的存储。

AI 格式、CDR 格式和 EPS 格式文件的图标如图 1-32 所示。

AI格式　　　CDR格式　　　EPS格式

图1-32

1.4　App UI 的设计原则

UI 的设计理念重点在于"交互"设计。优秀的 UI 设计界面，不仅是各种元素设计技巧的展现，更重要的是能够表现出用户完美的"体验感"。一个 App 想要吸引并留住客户，美观、实用且简便的用户界面设计更是非常重要的一环。接下来简单了解一下 App UI 设计的基本原则，它会使你的设计有意想不到的效果，如图 1-33 所示。

图1-33

1.4.1 视觉一致性原则

无论是控件使用、提示信息措辞，还是颜色、窗口布局风格，都要遵循统一的标准，做到真正的一致，如图 1-34 所示。

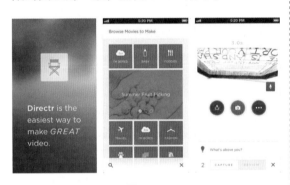

图1-34

其具体要求风格如下。

- 有标准的图标风格设计，有统一的构图布局，有统一的色调、对比度、色阶以及图片风格。
- 底图应该融于底图，使用浅色，低对比，尽量少使用颜色。
- 使用统一的语言描述，比如一个关闭功能按钮，可以描述为退出、返回、关闭，应该统一规定。

1.4.2 视觉简易性原则

由于手机屏幕相对较小，只能展示较少的信息量，因此在 App 网站建设中要注意，需要有清晰的信息架构，并且屏与屏之间的逻辑关系要清晰，让用户能一目了然地知道 App 的各个模块及能够自由切换，如图 1-35 所示。

图1-35

> **提 示**
>
> 当然还要注意的是其界面必须简捷、操作简单，步骤少，层次不要太深，一般不超过3级。可利用多种提示方式，如声音、振动提醒等方式，以吸引用户的视线，比如快速体验移动触摸响应操作等。

1.4.3 从用户的考虑角度出发

在设计手机界面时，要根据手机的移动特性，从为用户考虑的角度出发进行设计。在 App 开发过程中，需要考虑其主要功能能否单手操作完成、常见手势翻页交互效果和优点等，如图 1-36 所示。

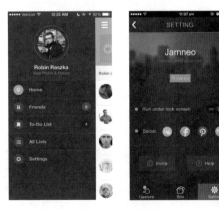

图1-36

1.5 手机界面的色彩搭配与视觉效果

手机 App 界面设计中，色彩是很重要的一个 UI 设计元素。运用得当的色彩搭配，可以为 UI 界面的设计加分。App 界面要给人简洁整齐、条理清晰感，依靠的就是界面元素的排版和间距设计，还有色彩的合理、舒适度搭配，如图 1-37 所示。

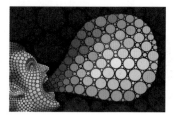

图1-37

1.5.1 冷暖色调的对比

色彩的冷暖设计受个人生理、心理记忆、固有经验等多方面的因素所控制，是一个相对感性的问题。色彩的冷暖是互为依存的，其相互衬托、相互联系，并且主要通过它们之间的互相对比体现出来。一般而言，暖色光使物体受光部分色彩变暖，而背光部分则相对呈现冷光倾向，冷色光正好与其相反。手机界面上的冷暖色调对比如图 1-38 所示。

图1-38

颜色属性也指颜色的冷暖属性。色彩的冷暖感觉是人们在长期生活中由联想而形成的。在同类色彩中，含暖意成分多的较暖，反之较冷。冷暖色调对比显示如图 1-39 所示。

原图　　　　　暖色调　　　　　冷色调

图1-39

1.5.2 色彩的意向

色彩有各种各样的心理效果和情感效果，会引起受众各种各样的感受和遐想。红、橙、黄色常使人们联想起东方旭日或是燃烧的火焰，有温暖的感觉，因而被称为"暖色"；而蓝色常使人们联想起高空的蓝色、阴冷处的冰雪，有寒冷的感觉，所以被称为"冷色"；绿、紫给人们的感觉是不冷不暖，因而被称为"中性色"。当看见某种色彩或者听到某种颜色的名称时，人们心里会自动描绘出这种色彩带来的感受。图 1-40 所示为一些常见颜色的色彩意向。

色 系	色彩意象
红色系	热情、张扬、高调、艳丽、侵略、暴力、血腥、警告、禁止
橙色系	明亮、华丽、健康、温暖、辉煌、欢乐、兴奋
黄色系	温暖、亲切、光明、疾病、懦弱，适合用于食品或儿童类 App
绿色系	希望、生机、成长、环保、健康、嫉妒，经常用于表示与财政有关的事物
蓝色系	沉静、辽阔、科学、严谨、冰凉、保守、冷漠、忧郁，经常用于表现科技感和高端严谨的意象
紫色系	高贵、浪漫、华丽、忠诚、神秘、稀有、憋闷、恐怖、死亡。很多科幻片和灾难片都使用青紫色来渲染恐怖和末日的景象
粉红色系	柔美、甜蜜、可爱、温馨、娇嫩、青春、明快、恋爱
棕色系	自然、淳朴、舒适、可靠、敦厚、有益健康。反过来说，被认为不够鲜明，可以尝试使用较亮的色彩进行调和
黑色系	稳重、高端、精致、现代感、黑暗、死亡、邪恶。很多大牌网站很喜欢使用黑色表现企业的高端和产品的品质感
白色系	纯洁、天真、和平、洁净、冷淡、贫乏、苍白、空虚，在中国代表死亡

图1-40

1.5.3　色彩的搭配技巧

当不同的色彩搭配在一起时，受色相、彩度、明度的影响，色彩的效果会产生变化。两种或者多种浅色搭配在一起不会产生对比效果，同样，多种深色搭配在一起也不吸引人。但是，当一种浅色和一种深色混合在一起时，浅色就显得更浅，深色显得更深。明度和色相也会产生同样的对比效果，如图 1-41 所示。

图1-41

手机界面的总体界面应该与主题相协调。在手机软件界面的色彩设计上，要妥当地运用色彩这种感性元素协调各要素之间的关系，使形态和功能特点得到突出。在设计中常见的配色方案如图 1-42 所示。

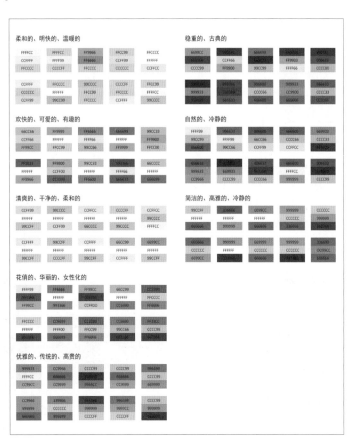

图1-42

1.5.4　App 界面配色原则

手机 App 界面要给人简洁整齐、条理清晰感，除了有较好界面元素的排版和间距设计，还需要对色彩的合理搭配。总体而言，配色应遵循 4 条原则，分别是协调统一、有重点色、色彩平衡和对立色调和。

- 设计色调的统一：针对软件类型以及用户工作环境选择恰当色调，比方说安全软件，绿色体现环保，紫色代表浪漫，蓝色表现时尚，等等。总之，淡色系让人舒适，暗色为背景可以不让人觉得累。总体而言，需要保证整体色调的协调统一，重点突出，使作品更加专业和美观，如图 1-43 所示。

图1-43

- 有重点色：配色时，可以选取一种颜色作为整个界面的重点色，这个颜色可以被运用到焦点图、按钮、图标或者其他相对重要的元素，使之成为整个页面的焦点，如图 1-44 所示。

图1-44

- 色彩平衡：界面需要保持干净，整个界面的色彩尽量少使用类别不同的颜色，以免眼花缭乱，反而让整个界面出现混杂感，如图 1-45 所示。

图1-45

- 对立色调和：对立色调和的原则很简单，就是浅色背景使用深色文字，深色背景使用浅色文字。比方蓝色文字以白色背景容易识别，在红色背景上则不易分辨，原因是红色和蓝色没有足够反差，但蓝色和白色反差很大。除非特殊场合，杜绝使用对比强烈、让人产生憎恶感的颜色，如图 1-46 所示。

图1-46

1.5.5　App UI 设计的用色规范

色轮图是研究颜色相加混合的一种实验工具。手机 App 标准色分为重要、一般和较弱 3 种，其使用规范和主要内容如图 1-47 所示。

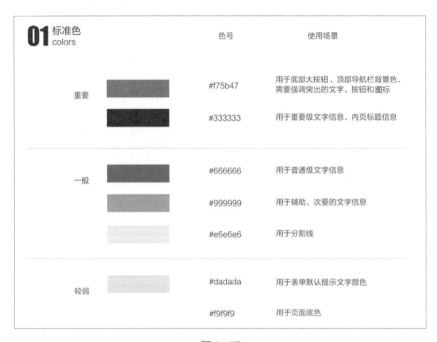

图1-47

- 重要标准色：重要颜色一般不超过 3 种。图 1-47 的示例中，红色主要用于特别需要强调和突出的文字、按钮和图标；而黑色用于重要级文字信息，比如标题、正文等。
- 一般标准色：一般标准色通常都是相近的颜色，而且比重要颜色弱，普遍用于普通级信息及引导词，比如提示性文案或者次要的文字信息。
- 较弱标准色：较弱标准色普遍用于背景色和不需要显眼的边角信息。

1.6　App 的设计流程

近年来，随着智能手机的快速发展，App 被越来越多的人青睐，因而 App 无处不在，但很多 App 在设计方面做得并不够。应用商店里面大多数 App 设计没有多大改动，几乎都是一个模板做出来的。然而，在智能手机时代，App 开发已经成为发展动向。那么，如何才能设计出优秀的 App 界面呢？

1.6.1　简单大方的设计理念

在设计 App 时，设计者要拥有自己的 App 设计理念。基于移动设备空间较小的问题，App 设计应尽量保持简捷，若非必要就不要放上华丽的图形或其他信息去吸引用户。App 设计需要让信息一目了然，不隐晦，不误导。图 1-48 所示为 iOS 9 简捷的 App 图标。

图1-48

（✋）案例　绘制相机图标

案例分析：本案例介绍制作相机图标，它的底座有明显的渐变色，不同大小的椭圆使用户明白 App 图形制作中正圆形的运用。总体来说，这款图标的操作步骤比较简单，在制作过程中要注意不同大小圆形的排列方法以及对图层样式的设置，最终效果如图 1-49 所示。关于案例的效果，读者可以通过扫描二维码查看，如图 1-50 所示。

图1-49　　　　　　　图1-50

色彩分析：以灰色到橙色的渐变作为背景，搭配黑色的主体，图标整体层次分明，给人清新活泼的感觉。

使用的技术	圆角矩形工具、椭圆工具
规格尺寸	1 024×1 024（像素）
视频地址	视频 \ 第 1 章 \1-6-1.swf
源文件地址	源文件 \ 第 1 章 \1-6-1.psd

01 执行"文件 > 新建"命令，新建一个 1 024×1 024 像素的空白文档，如图 1-51 所示。单击工具箱中的"圆角矩形工具"按

钮，创建一个"半径"为 200 像素、"填充"颜色为 RGB（219、218、218）的圆角矩形，如图 1-52 所示。

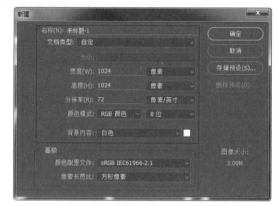

图1-51

图1-52

02 单击"图层"面板底部的"添加图层样式"按钮，在弹出的"图层样式"对话框中选择"内阴影"选项，设置如图 1-53 所示的参数。选择"渐变叠加"选项，设置如图 1-54 所示的参数。

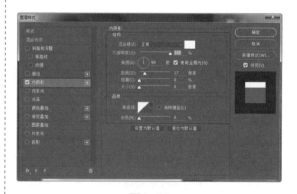

图1-53

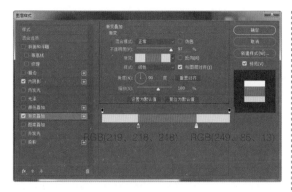

图1-54

03 选择"投影"选项，设置如图 1-55 所示的参数。其最终图形效果如图 1-56 所示。

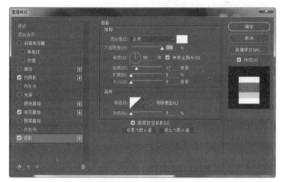

图1-55

图1-56

04 选中"圆角矩形 1"图层，单击"图层"面板中的"创建新组"按钮，如图 1-57 所示。选中"组 1"图层，单击"图层"面板底部的"添加图层样式"按钮，在弹出的"图层样式"对话框中选择"投影"选项，设置如图 1-58 所示的参数。

图1-57

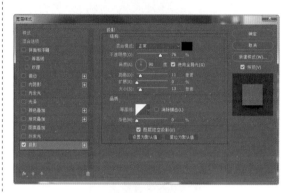

图1-58

> **提 示**
>
> 　　对图层编组，可以在选中所有图层后，按 Ctrl+G 组合键或执行"图层>图层编组"命令，也可单击"图层"面板底部的"创建新组"按钮，然后，选中所有要编为一组的图层，再将它们拖至组中。

05 单击工具箱中的"椭圆工具"按钮，创建一个"填充"颜色为 RGB（170、170、170）、"描边"颜色为 RGB（191、191、191）的正圆，如图 1-59 所示。使用相同的方法绘制"填充"颜色为 RGB（27、27、27）的正圆，如图 1-60 所示。

图1-59

图1-60

06 单击"图层"面板底部的"添加图层样式"按钮，在弹出的"图层样式"对话框中选择"内阴影"选项，设置如图 1-61 所示的参数。使用相同的方法完成其他图形的绘制，如图 1-62 所示。

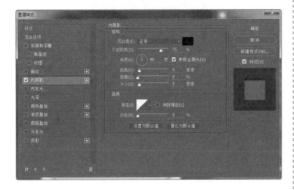

图1-61

图1-62

07 将相应的图层进行编组，其图层面板如图 1-63 所示。最终图形效果如图 1-64 所示。

图1-63

图1-64

1.6.2　独一无二的设计创意

在 App 的设计中，首先得确保你的 App 设计创意是绝无仅有的，在网络上没有跟你

的设计相类似的。如果有类似的 App 设计，那就要多多考虑了，争取超越并且有一些独特的优化设计在其中。用户都喜欢用新的东西，如果你设计的 App 应用过于陈旧，很难让用户对你的设计留下印象。因此，如何设计出有特色的、与众不同的 App，是 App 的设计要点之二。创意成为 App 设计方向的所在。图 1-65 所示为风格迥异的 Apple 图标。

图1-65

> **提示**
>
> 随着苹果产品的销量日益增大，苹果创意十足的Logo也被人们所关注。正是这个"被咬了一口"的苹果，经过了数十年的发展，成为街知巷闻的国际品牌，并以越来越多的广告形式逐步发展出更多的App造型。但自始至终，无论怎么设计延展，这个被咬了一口的苹果扔保持着它原有的基本造型。

1.6.3　全面分析应用需求

把握好你的 App 的应用需求，确认核心功能，模拟出设计初稿。通过移动设备的人际界面指南图来定位自己的 App，将提出的各种需求进行汇总讨论，设计 ADS（对应用定义的一段陈述），并根据前面所整理的资料开始进行产品的各个基本功能的设计，包含移动重使用场景、按钮和显示文字等，如图 1-66 所示。

图1-66

> **提示**
>
> ADS是一种先进的设计系统，即自动化设备规范，它为设备之间的通信提供路由。各个软件的模块之间的信息交换都通过ADS完成。

1.6.4　确认 App 的设计工作

最终确认 App 的设计工作要通过低保真原型和高保真原型两步操作来完成。

- 低保真原型是指利用原型制作工具，将草图搬上电脑，尽量使用黑白且粗糙的线条进行设计，不用纠结细节，如图 1-67 所示。

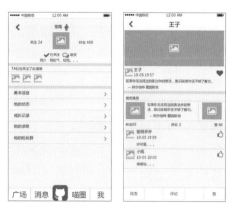

图1-67

- 高保真原型是指在低保真原型基础上进行细节修改。当高保真原型完成后，就可以进行视觉设计了。App 设计提倡有质感且有仿真度的图形界面。若想要让 App 设计的界面尽量接近用户熟悉或者喜欢的风格，就要在配色和图标上下功夫，如图 1-68 所示。

图1-68

1.7　App 移动端的设计趋势

现如今，由于各种客户端的开发和接入已经成为常态，移动端 App 的快速发展是不争的事实。从智能手机到平板电脑，甚至一些相关的智能设备，我们可以明显观察到其中所涉及的 App 在功能、设计和潜力上的快速增长。下面简单介绍 App 移动端的设计趋势。

1.7.1 专注用户体验

移动设备的快速膨胀使得用户对于用户体验的需求越来越多，最主要的需求之一是希望拥有"个性化的用户体验"。也正是这种需求和认知，使得相当一部分 App 的设计和开发者选择专注于较少、较关键的功能，并提供频繁的更新，以提供成长型的、逐步优化的用户体验。正是在这样的背景下，真正体验优秀的应用广告和独特而高效的导航模式开始出现，如图 1-69 所示。

图1-69

1.7.2 使用模糊的背景

模糊背景符合时下流行的扁平化和现代风的设计，它足够赏心悦目，可以很好地同幽灵按钮等时下流行的元素搭配起来，提升用户体验。从设计的角度来看，它不仅易于实现，帮助设计规避复杂的设计，还可以降低设计成本，如图 1-70 所示。

图1-70

案例 绘制登录界面

本案例主要通过制作登录界面介绍模糊背景的制作方法。在制作过程中要注意使用不同的形状工具绘制界面中的元素，以得到美观而又标准的形状。最终效果如图 1-71 所示。关于案例的效果，读者可以通过扫描二维码查看，如图 1-72 所示。

色彩分析：以半透明的图片为背景，搭配黑色的图标以及绿色的按钮，使得整个界面给人神秘而美观的感觉。

图1-71　　　　　图1-72

使用的技术	多边形工具、圆角矩形工具、油漆桶工具
规格尺寸	750×1 334（像素）
视频地址	视频 \ 第 1 章 \1-7-2.swf
源文件地址	源文件 \ 第 1 章 \1-7-2.psd

01 执行"文件 > 新建"命令，新建一个 750×1 334 像素的空白文档，如图 1-73 所示。执行"文件 > 打开"命令，打开素材"素材 \ 第 1 章 \17201.jpg"，将相应的图片拖入画布中，如图 1-74 所示。

图1-73

图1-74

02 单击工具箱中的"矩形工具"按钮,创建一个"填充"颜色为黑色的矩形,如图 1-75 所示。在图层面板中设置"不透明度"为 60%,其图像效果如图 1-76 所示。

图1-75　　　　　图1-76

03 单击工具箱中的"多边形工具"按钮,创建一个"填充"颜色为黑色、"边数"为 6 的多边形,如图 1-77 所示。单击工具箱中的"钢笔工具"按钮,在形状上单击鼠标右键,在弹出的快捷菜单中选择"建立选区"选项,

弹出"建立选区"对话框,如图 1-78 所示,单击"确定"按钮。

图1-77

图1-78

04 在菜单栏中执行"选择 > 修改 > 平滑"命令,在弹出的"平滑选区"对话框中设置相应的参数,如图 1-79 所示。新建图层,单击工具箱中的"油漆桶工具"按钮,将选区填充为黑色,将形状图层删除,如图 1-80 所示。

图1-79

图1-80

05 打开"字符"面板，设置各项参数值，如图 1-81 所示。使用"横排文字工具"在画布中输入文字，如图 1-82 所示。

图1-81

图1-82

06 使用相同的方法完成相似图形的绘制，如图 1-83 所示。单击工具箱中的"圆角矩形工具"按钮，创建一个"填充"颜色为 RGB（34、192、100）的圆角矩形，如图 1-84 所示。

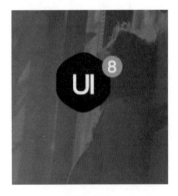

图1-83

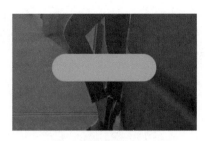

图1-84

07 打开"字符"面板，设置各项参数值，如图 1-85 所示。使用"横排文字工具"在画布中输入文字，如图 1-86 所示。

图1-85

图1-86

08 使用相同的方法完成相似图形的绘制，如图 1-87 所示。最终图形效果如图 1-88 所示。

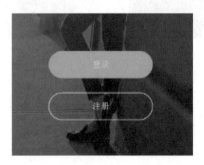

图1-87

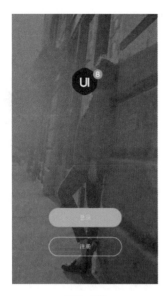

图1-88

1.7.3 简单的导航模式

清晰的排版、干净的界面、赏心悦目的App设计是目前用户最喜欢也最期待的东西。相比于华丽和花哨的菜单设计,简单的下拉菜单和侧边栏会更符合趋势。简单的导航设计的直观与便捷可以让用户更容易找到需要的东西。所以,简单的导航模式更加平稳、流畅、轻松和友好,如图1-89所示。

图1-89

1.7.4 大胆醒目的字体运用

每个App都在试图通过大胆醒目的字体

来吸引用户的注意力。在当前的市场状况下,大屏幕手机和平板是主流,这一点是非常重要的使用背景。大字体在移动端App上呈现,会赋予界面以层次,提高特定元素的视觉重量,让用户难以忘怀。字体够大,够优雅,够独特,够贴合,也就能提升页面的气质和特色,而这正是移动端App设计的另一次重要的机会,如图1-90所示。

图1-90

1.7.5 更简单的配色

简约美是近年来最流行的设计思路。而更简单的配色方案也贴合这一思路。随着iOS新系统而流行起来的霓虹色的影响力已经淡化,现在的用户更加喜欢微妙而富有质感的用色,整洁和干净正在压倒华丽而浮夸的配色趋势,如图1-91所示。

图1-91

1.7.6 用户界面的情景感知

拥有情景感知功能的 App 能够根据当前的背景信息，诸如用户的位置、身份、活动和时间来识别当前的状况，并给予合理的反馈。例如，当在午饭时间打开一个地图类的服务时，用户无须搜索，它会为其提供当前的位置信息和周边的饮食类服务。随着 App 设计和市场需求的发展，情景感知会成为一个持续且逐步繁荣的发展方向，如图 1-92 所示。

图1-02

1.8 两大主流手机系统的发展历程

手机系统自然就是运行在手机上面的操作系统。现如今，手机市场上的两大主流系统为 Android 和 iOS，除此之外还有 Firefox OS、YunOS、BlackBerry、Symbian、Palm、BADA、Windows Phone、Windows Mobile、Ubuntu 等较小众的操作系统。本节主要对 Android 和 iOS 两种系统的发展历程进行详细的介绍。

1.8.1 iOS 系统

iOS 操作系统从 2007 年到现在 10 年的时间里，一点点地添加功能，进行优化和演进，不断完善，从而发展到现在的样子。目前 iOS 系统的最新版本是 2017 年 6 月 6 日发布的 iOS 11。

- iOS 1：随着第一代 iPhone 的问世，iOS 1 系统应运而生。此后的历代系统都有 1 代系统的身影，特别是圆角正方形应用图标和界面底部固定不变的 4 个应用堪称经典，成为众多软件厂商的模仿对象。除主屏幕外，iOS 1.0 中多数界面和设计元素被沿用至今，包括虚拟键盘、通话界面、谷歌地图、移动 Safari 以及"视觉语音信箱"。

- iOS 2：如果说 iOS 1 开启了移动体验的先河，那么 iOS 2 就为移动应用商店和第三方应用扩展树立了典范。iPhone

发布一年后，苹果推出了第二版 iOS 系统。iOS 2 外观与上一版类似，但添加了基于云计算的电子邮件和同步服务 MobileMe 以及对 Microsoft Exchange 账户的支持。

- iOS 3：iOS 3 推出于 2009 年 6 月，填补了之前 iOS 版本中的许多空白，比如键盘的横向模式、新邮件和短信的推送通知和数字杂志，以及最初的语音控制功能——能够帮助用户寻找 / 播放音乐以及调用联系人，如图 1-93 所示。

图1-93

在2010年4月，苹果发布了iOS 3.2。iOS 3.2是一次划时代的演变，因为这是第一款针对"大屏"iPad平板优化的移动系统。当然，iOS在iPad上的外观和使用体验均与iPhone类似，但经典"捏放"手势操作在大屏iPad上得到了更好的发挥。

- iOS 4：iOS 4 则进一步细化了图标的设计元素。iOS 4 于 2010 年 6 月推出。乔布斯及其设计团队为界面上的图标设计了复杂的光影效果，让界面看上去更加漂亮。iOS 4 里的 Game Center 是我们看到的第一个变化很大的例子。它的界面颜色丰富，有绿色、酒红色和黄色等，上下底部则是类实木设计。

iOS 4还带来全新的多任务处理功能。通过双击Home键，用户会在屏幕底部看到一排常用应用程序列表。有了它，用户无需翻页，便能快速地在应用间切换。苹果还在iOS 4中加入了文件夹功能。在全新亚麻质地背景的文件夹中，用户可以存放相关应用内容。

- iOS 5：iOS 5 为苹果用户带来了一项非常重要的新功能——Siri。尽管最初功能有限，但这是苹果第一次尝试让用户以不同的方式使用自己的 iOS 设备。苹果在 iOS 5 中整合了首款非苹果应用 Twitter，并将 Siri 打造成 iOS 中的个人助理服务。

仿真拟物设计在iOS 5中可谓达到了极致，苹果的软件界面中大量模仿现实世界中的实物纹理，如黄色纸张背景的"备忘录"和亚麻纹理的"提醒"应用。

- iOS 6：iOS 6 于 2012 年 11 月正式发布。其主要特色是基于云的邮件、日历以及在 OS X 和 iOS 设备上同步，融合了苹果桌面操作系统的设计灵感和元素。仿真设计在这一版系统中依然得到提升，新应用 Passbook 在删除虚拟证

件时出现的碎片动画效果成为特色。另外，iOS 6 里音量和播放进度的滑块改成了金属质感风格，它上面的反光纹路会随着 iPhone 的位置变化发生改变，如图 1-94 所示。

图1-94

- iOS 7：iOS 7 的色彩和风格有了较大的变化，给人焕然一新的印象。各种颜色的渐变取代了 iOS 6 时代的浅蓝色或灰色背景的单一色调风格。另外，动画效果也成为苹果设计师们提升用户体验的最佳工具。比如 iOS 系统中的橡皮圈功能，也就是大用户界面到达边缘时产生的反弹效果，以及长按 App 图标后进入的编辑模式，所有图标都会抖动。

iOS 7在功能方面为了让其更有秩序，新增了控制中心与通知中心，改善了多工、照片程式、Safari和Siri，并推出新的AirDrop分享功能与iTunes Radio音乐串流服务。几乎每一款"老的"或"新的"应用都融入了苹果的新美学设计。

- iOS 8：iOS 8 创新性地引入 Apple Pay 和指纹识别功能。从此手机支付变得前所未有的安全和可靠。iOS 8 中自带相机加入了延时摄影模式，使得交互体验提升。同时，iOS 8 与其他的 Apple 设备无缝连接，Handoff 功能使同一 ID 的不同设备连在一起。

- iOS 9：iOS 9 随着 iPhone 6s 以及 6s

Plus 一起到来。iOS 9 于 2015 年 8 月正式宣布，新功能包括新升级的 Note（支持简笔画和图片添加）、新升级的苹果地图（新增公共交通功能）、News 新闻应用（取代 Newsstand，显示来自 CNN 以及《连线》等媒体的新闻内容）、Passbook 改名 Wallet，添加对会员卡和礼品卡的支持、分屏多窗口功能（SlideOver、Split View 以及画中画功能）、节电模式、6 位密码和提升电池续航等，如图 1-95 所示。

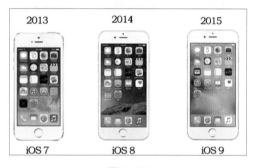

图1-95

- iOS10：2016 年 6 月，苹果系统 iOS 10 正式亮相，苹果为 iOS 10 带来了十大项更新。新的屏幕通知查看方式；开放 Sirl；Sirl 增加更多智能；照片应用更新；地图更新；苹果音乐节目更新；苹果新闻页面更新；新增只能家庭应用 HomeKit；更新了电话功能，iMessage 支持更多文件类型；可移除预装系统应用；滑动解锁取消；优化通知栏等，如图 1-96 所示。

图1-96

- iOS 11：iOS 11 的 iMessages 加入了 Apple Drawcr 的功能，支持礼品卡等应用，加入了对 Apple Pay 转账的支持，更新之后 iMessages 还支持 iCloud 聊天记录云同步。增加了对 AR 增强现实的支持，为开发者提供 ARKit。该功能使用 iPhone 传感器来确定平面，照明，尺度估计等，用户可以加入不同的物品，AR 应用能够实现更加真实的效果，光影效果更出色。iOS 11 重点优化了相机的功能，主要包括样张质量、低光拍摄、光学稳定和 HDR 模式等方面的改善，而基于新的景深 API，拍照之后可以对照片进行快速个性化处理。iOS11 更新了控制界面，并加入了更多选项。新的控制中心变为了一整页，所有功能都集中到了这一页，包括锁屏、3D Touch 等。在锁屏界面，iOS 11 更加重视一体化，用户可以通过滑动实现所有的事情，如图 1-97 所示。

图1-97

1.8.2　Android 系统

2007 年 11 月 5 日，名为 Android 的操作系统由谷歌公司正式向外界展示，并且创建了由 34 家手机制造商、软件开发商、电信运营商以及芯片制造商共同组成的全球性联盟组织，以共同研究和改良 Android 系统。

- Android 1.0：2008 年 9 月，谷歌正式发

布了 Android 1.0 系统，这也是 Android 系统最早的版本。发布系统之后不久就有一款搭载 Android 1.0 系统的手机现身。这款手机就是 T-Mobile G1，由运营商 T-Mobile 定制，台湾 HTC（宏达电）代工制造。T-Mobile G1 是世界上第一款使用 Android 操作系统的手机，手机的全名为 HTC Dream，如图 1-98 所示。

图1-98

- Android 1.5：2009 年 4 月，谷歌正式推出了 Android 1.5。Android 1.5 的代表机型为 HTC Magic，如图 1-99 所示。从 Android 1.5 版本开始，谷歌将 Android 的版本以甜品的名字命名。Android 1.5 命名为 Cupcake（纸杯蛋糕），如图 1-100 所示。

该系统与 Android 1.0 相比有了很大的改进，主要包括支持立体声蓝牙耳机、摄像头开启和拍照速度更快、GPS 定位速度大幅提升、支持触屏虚拟键盘输入以及可以直接上传视频和图像到网站。

图1-99

图1-100

- Android 1.6：2009 年 9 月，谷歌发布了 Android 1.6 的正式版，并且推出了搭载 Android 1.6 正式版的手机 HTC Hero（G3），如图 1-101 所示。Android 1.6 也有一个有趣的甜品名称，它被称为 Donut（甜甜圈），如图 1-102 所示。

Android 1.6 改进的功能包括支持快速搜索和语音搜索，增加了程序耗电指示，在照相机、摄像机、相册、视频界面下的各功能可以快速切换进入，支持 CDMA 网络以及支持多种语言。

图1-101

图1-102

- Android 2.1: 2009 年 10 月，谷歌发布了 Android 2.0 操作系统。Android 2.0

版本的代表机型为 NEXUS One（G5），如图 1-103 所示。谷歌将 Android 2.0 至 Android 2.1 系统的版本统称为 Eclair（松饼），同样是一种甜品名称，如图 1-104 所示。

Android 2.1 的改进包括支持添加多个邮箱账号、支持多账号联系人同步、支持微软 Exchange 邮箱账号、支持蓝牙 2.1 标准、浏览器采用新的 UI 设计、支持 HTML 5 标准和拥有更多的桌面小部件。

图1-103

图1-104

- Android 2.2：2010 年 2 月，谷歌正式发布了 Android 2.2 操作系统。Android 2.2 的代表机型为 DHD 和 Galaxy S。图 1-105 所示为 Galaxy S。谷歌将 Android 2.2 操作系统命名为 Froyo，翻译为冻酸奶，如图 1-106 所示。

Android 2.2 主要改进的功能包括新增帮助提示功能的桌面插件、Exchange 账号支持得到提升、增加热点分享功能和支持 Adobe Flash 10.1。

图1-105

图1-106

- Android 2.3：2010 年 12 月，谷歌正式发布了 Android 2.3，其代表机型为 Galaxy S II /Sensation，如图 1-107 所示，并将该操作系统命名为 Gingerbread（姜饼），如图 1-108 所示。

Android 2.3 主要改进的功能包括用户界面优化、新的虚拟键盘设计、文本选择和复制粘贴操作得到简化、支持 NFC 近场通信功能和支持网络电话。

图1-107

图1-108

- Android 3.0：2011 年 2 月 3 日，谷歌发布了专用于平板电脑的 Android 3.0 Honeycomb 系统，这是首个基于 Android 的平板电脑专用操作系统。xoom 为全球第一款 Android 3.0 平板电脑，如图 1-109 所示。这款系统被命名为 Honeycomb(蜂巢)，如图 1-110 所示。

图1-109

图1-110

Android 3.0 的主要新增功能包括多任务处理、使用桌面工具同时设置多种应用软件、

拥有新的通知系统、硬件加速、3D 功能和视频通话。

- Android 4.0：2011 年 9 月 19 日，谷歌发布了全新的 Android 4.0 操作系统。Android 4.0 的代表机型为摩托罗拉（Droid Razr ）， 如图 1-111 所示。这款系统被谷歌命名为 Ice Cream Sandwich(冰激凌三明治)，如图1-112 所示。

Android 4.0 主要改进功能包括只提供一个版本，同时支持智能手机、平板电脑和电视等设备，拥有一流的新 UI，基于 Linux 内核 3.0 设计，用户可以通过 Android Market 购买音乐，运行速度比 3.1 提升达 1.8 倍和支持现有的智能手机。

图1-111

图1-112

- Android 5.0：Android 5.0 是 Google 于 2014 年 10 月 15 日 发 布 的 全 新 Android 操作系统，这款系统被命名为棒棒糖，如图 1-113 所示。

Android 5.0 主要改进功能包括增强语音服务功能、整合碎片化、支持 64 位处理器和使用 ART 虚拟机。

- Android 6.0：Android 6.0 发布于 2015 年 9 月 30 日，这款系统被命名为棉花糖，如图 1-114 所示。

图1-113   图1-114

Android 6.0 主要改进功能包括锁屏下语音搜索功能、指纹识别、更完整的应用权限管理、增强 Doze 电量管理功能，提高书籍续航时间、增强 Now on Tap 功能，结合 Google 搜索紧密结合的功能和通过 App Links 功能完善自主识别内容。

- Android 7.0：Android 7.0 发布于 2016 年 5 月 18 日。最终命名为牛轧糖。如图 1-115 所示。

Android 7.0 加入 3D Touch 功能，增加了分屏多任务；全新下拉快捷开关页；通知信息快捷回复；通知信息归拢；夜间模式；流量保护模式等内容。

- Android 8.0：Android 8.0 比 Android 7.0 在人工智能等方面有了更大的提升。如果说安卓 7.0 注重系统上的自身强化，以加强流畅性、稳定性为目的，那么 Android 8.0 则主打最近大热的人工智能，如图 1-116 所示。机器可以通过自己学习进而提升效率；而且通过人工智能，机器可以自动去管理推送和位置更新等服务，让用户可以省去管理定位等服务的时间。新的系统还重新设计了部分页面、UI 和图标，对通知中心等界面还做了大规模的改动与设计；引入了画中画的强化版，用户除了可以随意拖动小屏幕位置外还能更加流畅的对主界面进行操作，还可以大大提升效率。

Android 7.0 Nougat

图1-115   图1-116

1.9   不同系统 UI 视觉的主要组成要素及特征

不同系统 UI 组件和特征也各不相同。接下来对当前最流行的两大系统组件及特征进行详细的介绍。

1.9.1   iOS 系统的组成要素及特征

iOS 是由苹果公司开发的移动操作系统。iOS 操作系统是 iPod touch、iPad 以及 iPhone 设备的核心。构建 iOS 平台的知识与 Mac OS X 系统如出一辙，iOS 平台的许多开发工具和开发技术也源自于 Mac OS X。iPhone 软件开发包（SDK）为着手创建 iOS 应用程序提供所需要的一切。iOS 不仅仅是苹果手机系统，所有的苹果产品采用的系统都是 iOS，这也使苹果更容易地做到 iOS 生态圈，为 iMac、iPhone 和 iPad 等苹果产品无线的交互增加了可能性，如图 1-117 所示。

图1-117

iOS的组成要素

iOS 界面由各式各样的组件构成，根据不同控件的特征和制作方法，才能帮助用户在应用的界面设计过程中做出更好的决策。其标准的 iOS 10 系统界面的组件主要包括栏、内容视图、警告框、操作列表、模式视图、登录图片和控件，如图 1-118 所示。

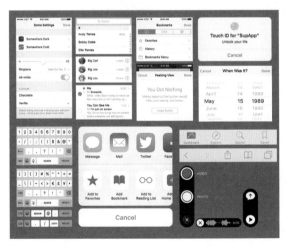

图1-118

iOS的特征

如今，iOS 系统已经逐渐成为一款十分优秀且成熟的移动手机操作系统。iOS 为非开源封闭性操作系统，其优点包括以下几点。

- 外观设计精美。苹果在 iPhone 上的工业设计，精妙绝伦，按乔布斯的说法是"它就和一款老莱卡相机一样美丽"。但它不仅仅于此，它环绕着机身的不锈钢圈，不仅是天线，也是固定机身的梁，同时也减少了内部占用空间。并且其屏幕显示提供了更精准的颜色以及更大的可视角度。
- 操作系统。iOS 是一个传统技术的操作系统。由于 iOS 可以手动管理内存，可以在用户操作的间歇由程序员进行回收，所以用户不会在频繁使用过程中感受到停顿。
- 硬件配置。苹果是唯一一个既做硬件又做软件的手持设备公司。只有苹果既可以在硬件中插入对软件的优化，又可以在软件中用上特制的模块。

无论是多么优秀的系统，也避免不了存在一定的缺点。iOS 的缺点可分为以下几点。

- 封闭性带来的问题。由于 iOS 系统的封闭性，所以无法像 Android 那样的开源系统一样任由用户更改系统的设置。
- 审美疲劳。虽然 iOS 系统已经过不断的升级和改进，但从界面来看，iOS 给人的感觉变化不是很大。虽然其界面的确简单精美，但再精致的界面看久了也会审美疲劳。
- 过度依赖 iTunes。苹果的大部分数据导入导出，如歌曲以及电影的下载等都需要通过电脑来配合操作才能完成，可以说离不开电脑和 iTunes 软件的帮助，所以会让很多用户觉得操作起来相对烦琐。

1.9.2　Android 系统的组成要素及特征

Android 是一种基于 Linux 的自由及开放源代码的操作系统，以 Google 为主导，以收授权费的形式全面开放，为完全开放的操作系统。2010 年末的数据显示，仅正式推出两年的 Android 操作系统已经超越了塞班系统，一跃成为全球最受欢迎的智能手机操作系统。如今，Android 系统不但应用于智能手机，还在平板电脑市场迅速发展，如图 1-119 所示。

图1-119

Android的组成要素

和 iOS 系统一样，Android 系统也有一套完整的 UI 界面基本组件。在创建自己的 App，或者将应用于其他平台的 App 移植到 Android 平台时，应该记得将 Android 系统风格的按钮或图标换上，以创建协调统一的用户体验。图 1-120 所示为 Android 系统部分组件的效果。

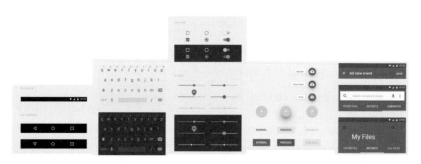

图1-120

Android的特征

Android 是目前智能手机中使用最广泛的手机操作系统，其优点包括以下几点。

- 开源。相比 iOS 系统来说，Android 是开放式的系统，这是 Android 能够快速成长的最关键因素。其系统完全开放，留了更多空间给手机厂商、手机应用厂商和手机用户。但其系统对后台基本无管控，很多应用程序为真后台，系统占用资源高。
- 联盟。联盟战略是 Android 能快速成长的另一大法宝。谷歌为 Android 成立的开放手机联盟（OHA）不但有华为、三星、HTC、索尼爱立信等众多大牌手机厂商拥护，还受到了手机芯片厂商和移动运营商的支持，仅创始成员就达到 34 家。
- 技术。Android 系统的底层操作系统是 Linux，Linux 作为一款免费、易得、可以任意修改源代码的操作系统，吸收了全球无数程序员的精华。

- 应用。Android 平台在应用的数量上十分丰富。据统计，安卓应用已经几乎达到 80 万。这个庞大的数字为 Android 平台提供了巨大的优势。

Android 系统的缺点包括以下几点。

- 应用的质量不高。Android 的应用目前虽然数量非常多，但是，质量并不是很高，特别是对于平板电脑而言，更是如此。很多版本的应用软件，都只是针对手机平台而开发，在平板电脑上虽然可以运行，但是体验就下降了很多。
- 开源导致产品体验差异很大。其开发门槛低，导致应用数量虽然很多，但是应用质量参差不齐，甚至出现不少恶意软件，导致一些用户受到损失。
- 运行效能不高。Android 没有对各厂商在硬件上进行限制，导致一些用户在低端机型上体验不佳。另外，因为 Android 的应用主要使用 Java 语言开发，导致运行效率较低和硬件消耗较为严重的现象。

1.9.3　手机系统的发展前景

以上为当前市面上主流的两大手机系统，其各具优缺点。面向智能终端的操作系统开发是移动互联网发展最为重要的一环。面对日益增长的移动互联网市场，iOS 和 Android 这两个不同"出身"的系统厂商分别寻找和利用具有差异性的开发策略进行自身发展。

- Android 应用程序多，应用更新快，手机硬件丰富覆盖高、中、低三个档次。但其占用资源大，同等配置的手机，其流畅性最差，体验最差，安全性较差。
- iOS 应用程度多，应用更新得也很快，手机占用资源少，运行流程，用户体验较好，安全性较好，但其价格昂贵。

1.10　专家支招

读者在前面认识了 App 的设计原则、App 的设计要点、三大主流系统的发展历程以及特点。在进行手机 App 设计的过程中，常常遇到很多看似很小且很容易被忽略的问题。正是这些小问题，一次又一次地撩拨用户的耐心，让用户对产品产生怨念。刚入门的用户没有经过实战，对细节注意不多。下面通过屏幕、文字、按钮、选项以及空间等方面讲解 App 产品设计禁忌。优秀的手机应用界面欣赏如图 1–121 所示。

图1–121

1.10.1　App 屏幕设计禁忌

当 App 屏幕设计做交互时，需要有一个任务流程的概念贯穿始终：用户是为了达到某个目的而使用软件的。交互设计师除了关注界面元素、交互反馈和跳转逻辑之外，还要关注用户任务，分清主要任务与次要任务，给主要任务一个畅通无阻的清晰流程，不要给予太多可能的分支以干扰主要流程，如图 1–122 所示。

图1–122

1.10.2　App 文字设计禁忌

在手机 App 设计中，手机界面很小，可以算得上寸土寸金，一页只能显示 6~10 个列表，而一行也只能显示 10~16 个字，因此标题栏的字数以 5 个以内为宜，标签栏也以 2~3 个为宜。如果出现文字过长的情况，一定要定义一下处理方式。当内容是选择型的，一般要截断或者打点缩略；当内容是阅读型的，可以折行，但最合理的方式还是精简文字内容以缩短文字长度，如图 1–123 所示。

图1–123

1.10.3　App 按钮图标设计禁忌

手机上的按钮一般包括四种，分别为不可点击效果、可点击效果、聚焦状态和按下状态。当按钮处于不可用状态时，一定要灰掉按钮，否则会误导用户，如图 1–124 所示。

图1–124

> **提　示**
>
> 移动端有个神奇的数字"44"，根据食指最小点触距离 7 mm、拇指最小点触距离 9 mm，可以推导出做设计的时候，最小的点触距离是 44×32 px。你可以设计一个精美的小图标，但是在定义它的点触大小的时候，却可以做放大处理。

1.10.4 App 选项设计禁忌

在手机 App 设计中，相关的选项一定要具有操作上的延续性。如果手机上的相关选项距离很远，那么用户很容易迷失，找不到下一步操作。

> **提示**
>
> 流量、电量、速度和稳定性是手机产品的四个硬指标。如果应用不能合理帮助用户节约流量、电量以及提升速度和浏览体验，并且保证应用的稳定性能，那么更加谈不上用户体验，这时可以利用预加载缓存批量载入、动态刷新、服务段数据压缩等方式来保证稳、快和省的基础用户体验。

1.10.5 App 空间设计禁忌

手机 App 界面的菜单项以 5~7 个为宜。如果有二级菜单，就要注意合理地进行菜单分类，不应有太多层级的菜单，否则很难预期，也很难找到，寻找和返回都会变得很麻烦，如图 1-125 所示。

图1-125

手机 App 界面开发多多少少会有很多雷同或者相似的布局。不仅如此，纵观手机 App 应用的界面，总也逃不出那些熟悉的结构。手机 App 的布局基本原则是简单、灵活、符合人体工学。

1.11 总结扩展

无论是哪种系统，都离不开要使用手机 App 的应用程序，它是移动手机的命脉。iOS 和 Android 都有属于自己的应用商店，用户可以根据自己的需求和喜好选择不同类型的 App 进行下载和安装，体验更多的信息和内容。希望以下的本章小结和举一反三能够给用户提供一定的帮助。

1.11.1 本章小结

本章主要介绍了关于手机 UI 设计的理论知识、App 的手机流程、手机界面的色彩搭配以及两大主流系统发展历史和特征等内容，相信用户对于移动 App 界面设计已经有了初步的了解。

1.11.2 举一反三——绘制时钟图标

案例分析：本案例为时钟图标，该图标以简洁和扁平化为基础，使用简单的绘图工具以及对图层样式的设置来完成制作。关于案例的效果，读者可以通过扫描右侧二维码查看。

　　色彩分析：本图标以白色和灰色作为底色，以黄色的主体，搭配黑色的文字组成，使得整个界面简洁而美观。

教学视频：视频 \ 第 1 章 \1-11.mp4　源文件：源文件 \ 第 1 章 \1-11.psd

01. 新建文档,使用相应工具绘制圆角矩形。

02.　使用椭圆工具绘制相应的形状并设置相应的图层样式。

03.　使用多边形工具绘制指针，并为其设置相应的图层样式。

04.　使用文本工具添加数字，完成图标的制作。

iOS App系统应用

通过本章的学习，用户能够对iOS UI设计基础、界面设计原则、图标、用户界面元素以及控件的绘制有一个详细的认识。只有熟练掌握基本控件的名称及作用，才能在打造界面的过程中做出合理的设计决策。总而言之，希望通过本章的学习，用户能够设计出符合客户要求的App界面。

2.1　iOS UI 设计基础

设计一款成功的 iOS 应用，很大程度上依赖于其用户界面的好坏。那么在设计界面时要有一条指导性的原则，就是站在用户角度考虑问题。一款优秀的 iOS 应用紧密拥抱它所依赖的平台，并无缝整合设备和平台的特性，从而提供优秀的用户体验，如图 2-1 所示。

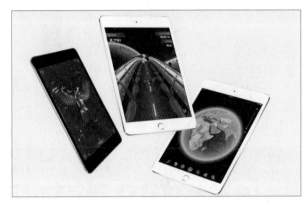

图2-1

2.1.1　iOS 的设计特色

无论是重新设计旧的应用程序还是创建一个新的，都可以考虑用以下方式完成工作。

- 去除 UI 元素，让应用的核心功能突显出来，并明确之间的相关性。
- 使用 iOS 的主题来定义 UI 并进行用户体验设计，完善细节设计以及适当合理的修饰。
- 保证设计的 UI 可以适配各种设备和各种操作模式，使得用户在不同场景下都可以享受这一应用。

> **提 示**
>
> 在整个设计过程中，要打破惯例，假设问题，让重点内容和功能激励每个设计决策。

按照内容

尽管清新美观的 UI 和流畅的动态效果都是 iOS 体验的亮点，但内容始终是 iOS 的核心。通过以下几种方式可以确保你的设计不仅能够提升功能体验，还可以关注内容本身。

- 充分利用整个屏幕。系统天气应用是这个方法的绝佳范例，用漂亮的全屏天气图片呈现现在的天气，直观地向用户传递最重要的信息，同时也留出空间呈现每个时段的天气数据，如图 2-2 所示。

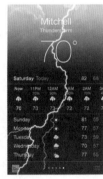

图2-2

- 用半透明 UI 元素样式来暗示背后的内容。半透明的控件元素（比如控制中心）可以提供上下文的使用场景，帮助用户看到更多可用的内容，并可以起到短暂的提示作用。在 iOS 中，半透明的控件元素只让它遮挡住的地方变得模糊，看上去像蒙着一层米纸，但它并没有遮挡屏幕剩余的部分，如图 2-3 所示。

图2-3

- 重新考虑（尽量减少）拟物化设计的使用。遮罩、渐变和阴影效果会加重 UI 元素的显示效果，导致影响对内容的关注。相反，应该以内容为核心，让用户界面成为内容的支撑，如图 2-4 所示。

图2-4

保证清晰

确保你的应用始终是以内容为核心的另一种方法是保证清晰度。这里有几种方法可以让最重要的内容和功能清晰可见，并且易于交互。

- 使用大量留白。留白不仅可以使重要的内容和功能更加醒目、更易理解，还可以传达一种平静和安宁的心理感受，使一个应用看起来更加聚焦和高效，如图 2-5 所示。
- 让颜色简化 UI。使用一个主题色，比如日历中使用红色，高亮重要区块的信息并巧妙地用样式暗示可交互性。与此同时，也让应用有了一致的视觉主题。

内置的应用使用了同系列的系统颜色。这样一来，无论在深色还是浅色背景上看起来都很干净和纯粹，如图 2-6 所示。

图2-5　　　　　　　图2-6

- 通过使用系统字体确保易读性。iOS 的系统字体（San Francisco）使用动态类型来自动调整字间距和行间距，使文本在任何尺寸大小下都清晰易读。无论用户使用系统字体还是自定义字体，都一定要采用动态类型。这样一来，当用户选择不同字体尺寸时，系统的应用才可以及时做出响应，如图 2-7 所示。
- 使用无边框的按钮。在默认情况下，所有的栏（Bar）上的按钮都是无边框的。在内容区域，通过文案、颜色以及操作指引标题来表明该无边框按钮的可交互性。当它被激活时，按钮可以显示较窄的边框或浅色背景作为操作响应，如图 2-8 所示。

图2-7　　　　　　　图2-8

深度层次

iOS 经常在不同的视图层级上展现内容，用深度层次进行交流，不但可以表达层次结构和位置，还可以帮助用户了解屏幕上对象之间的关系。

- 对于支持 3D 触控的设备，轻压、重压以及快捷操作能让用户在不离开当前界面的情景下预览其他重要内容，如图 2-9 所示。
- 通过使用一个在主屏幕上方的半透明背景浮层，文件夹就能清楚地把内容和屏幕上其他内容区分开来，如图 2-10 所示。

图2-9　　　　　　图2-10

- 通过不同的层级来展示内容，比如用户在使用备忘录的某个条目时，其他的项就会被集中收起在屏幕的下方，如图 2-11 所示。
- 具有较深层次的应用还包括日历，比如当用户在翻阅年、月、日时，增强的转场动画效果给用户一种层级纵深感。在滚动年份视图时，用户可以即时看到今天的日期以及其他日历任务，如图 2-12 所示。
- 当用户选择了某个月份，年份视图会局部放大该月份，过渡到月份视图。今天的日期依然处于高亮状态，年份会显示在返回按钮处，这样用户可以清楚地知

道它们在哪儿、它们从哪里进来以及如何返回，如图 2-13 所示。

 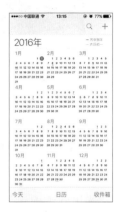

图2-11　　　　　　图2-12

- 类似的过渡动画也出现在用户选择某个日期时，月份视图从所选位置分开，将所在的周日期推向内容区顶端并显示以小时为单位的当天时间轴视图。这些交互动画增强了年、月和日之间的层级关系以及用户的感知，如图 2-14 所示。

图2-13　　　　　　图2-14

2.1.2　适应性和布局

一般情况下人们希望在所有的设备和多种情境中使用自己喜欢的应用程序，如在不同的设备方向上和 iPad 的分屏情况下。尺寸类别（Size Class）和自动布局（Auto Layout）可以通过定义屏幕的布局、视图控制器和视图在环境变化时来帮助你实现这个愿望。

为自适应而开发

iOS 定义了两个尺寸类别，分别是常规的（regular）和压缩的（compact）。常规尺寸与拓展的空间紧密相关，而压缩尺寸则与约束的空间相关。想要定义一种显示环境，比如需要定义一种横屏尺寸类别与一种竖屏尺寸类别。如你所想，一个 iOS 设备在竖屏模式下可以使用一套类别，而横屏模式下可以使用另一套类别。

> **提示**
>
> iOS能随着尺寸类别和显示环境变化而自动生成不同布局。例如，当垂直尺寸从压缩变为常规时，导航栏和工具栏会自动变高。

iPhone 的显示环境可根据不同的设备和不同的握持方向而改变。例如，当竖屏时，iPhone 6 Plus 使用的是压缩宽度和常规高度类型，如图 2-15 所示。当横屏时，iPhone 6 Plus 使用的是常规宽度和压缩高度类型，如图 2-16 所示。

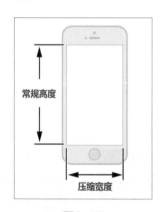

图2-15

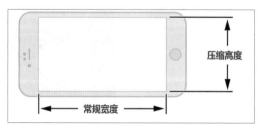

图2-16

使用布局进行沟通

布局包含的不仅仅是一个应用屏幕上的 UI 元素外观。好的布局，应该向用户直接表达什么是最重要的，他们的选择是什么，以及事物是如何关联起来的。

- 强调重要内容或功能，让用户容易集中注意力在主要任务上。有几个比较好的办法是在屏幕上半部分放置主要内容，要遵循从左到右的习惯，从靠近左侧的屏幕开始，如图 2-17 所示。

图2-17

- 使用不同的视觉化重量和平衡来告诉用户当前屏显元素的主次关系。大型控件能够吸引眼球，比小的控件更容易被注意到。而且大型控件也更容易被用户点击，这让它们在应用中尤其有用。例如电话和时钟（上面的按钮），能让用户经常在容易分心的环境下仍然保持正常使用，如图 2-18 所示。

图2-18

- 对齐让阅读更舒服，让分组和层次之间更有秩序。对齐让应用看起来整洁而有序，也让用户在滑动整屏内容时更容易定位和专注于重要信息。不同信息组的缩进与对齐不仅能够让它们之间的关联更清晰，还能够使用户更容易找到某个控件，如图 2-19 所示。
- 确保用户在内容处于默认尺寸时便可清楚明白它的主要内容与含义。例如，用户应当无须水平滚动就能看到重要的文本，或不用放大就可以看到主体图像，如图 2-20 所示。

图2-19

图2-20

- 尽量避免 UI 上不一致的表现。在一般情况下，有着相似功能的控件看起来也应该类似，如图 2-21 所示。

图2-21

- 给每个互动的元素充足的空间，从而让用户容易操作这些内容和控件。常

用的点按类控件的大小是 44×44 点（points），如图 2-22 所示。

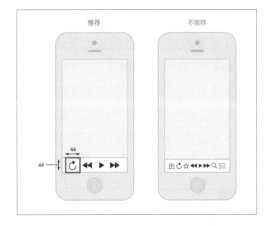
图2-22

2.1.3　停止与启动

在通常情况下，用户都希望能够在最短的时间内呈现对自己有帮助的内容，那么在停止和启动时都要以最快的速度激发新用户的兴趣并带给用户一种极好的体验。

及时启动

一款优秀的应用应当尽量避免让用户做过多的设置，当用户启动该应用时，便可直接启动，而不需要使用欢迎屏幕再进入应用，如图 2-23 所示。

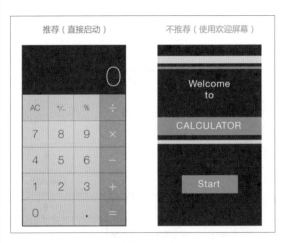
图2-23

随时做好停止的准备

在 iOS 应用中不存在关闭或退出选项。当用户切换到另一个应用、回到主屏幕或者将设备调至睡眠模式的时候，其实就是停止了当前应用的使用。当用户切换应用时，iOS 的多任务系统会将其放置到后台并将新应用的 UI 替换上来。在这种情况下，必须做到以下几点。

- 随时并尽快保存用户信息，由于在后台的应用随时都会有被终止或退出的可能。
- 当应用停止的时候保存尽可能多的当前状态的详细信息。这样使用户可以在回到应用时能从中断之处继续使用。
- 不要强制让应用退出。如果应用中所有的功能当前都不可用，那么应该显示一些内容来解释当前的情形，并建议用户如何进行后续操作，如图 2-24 所示。如果只有部分功能不可用，那么只要当用户使用这些功能时显示提示即可，如图 2-25 所示。

图2-24

图2-25

2.1.4 导航

导航的设计应该做到能够支撑起应用结构却又不分散用户的注意力。导航的类型主要包括三种，分别是分层、扁平和内容或体验驱动。每个导航都有其适应的应用结构。

- 分层。在有层级结构的应用中，用户在每个层级中都要选择一项，直到到达目的层级。使用导航栏（Navigation Bar）帮助用户轻松访问分层内容。例如，系统设置在这方面就有很好的示范，如图 2-26 所示。

图2-26

- 扁平。在扁平信息架构的应用中，用户可以在分类之间随意切换，而不用在意当前所处的位置，因为所有的分类都可以从主屏直接访问，使用标签栏（Tab Bar）显示同类型的内容或功能，如图 2-27 所示。

图2-27

- 内容或体验驱动。在内容或体验驱动的信息架构应用中，导航也会根据内容或体验来设计。在应用中，如果每屏显示的都是同类项或同类页，可以使用页面控件。页面控件的优点是可以直观地告诉用户有多少个项目或页面，以及当前所处位置。

2.1.5 模态情景

一个承载某些连贯操作或内容的优缺点并存的模式叫作模态。它可以给用户提供一种不脱离主任务的同时去完成一个任务或者获得信息的方式，但是也会临时性地阻止用户对应用的其他部分进行交互操作，如图 2-28 所示。

图2-28

2.1.6 交互性与反馈

交互性和反馈是 UI 界面设计的重要因素之一。下面简单介绍交互性元素在 UI 界面设计中的重要性。

交互性元素吸引用户点击

为了暗示交互性，设计时会使用很多线索，包括点击的反馈、位置、颜色、表意明确的图标、标签和上下文等，并不需要过于修饰元素来向用户展示可交互性。

- 在支持 3D Touch 的设备上，当用户按压主屏上的图标时，背景会虚化，以此来暗示可以进行更多功能的选择，如图 2-29 所示。
- 一个关键的颜色可以给用户提供很强的视觉指引，尤其是没有冗余的其他颜色

时。为了对比，使用蓝色标记可交互的元素，同时能提供统一的和易识别的视觉风格，如图 2-30 所示。

图2-29　　　　图2-30

- 一个图标或者标题提供了清晰的名称指引用户点击它。例如，地图中的标题"路线"，清楚地说明了用户可做的操作，结合关键色，就可以省去按钮边界或其他多余的修饰，如图 2-31 所示。
- 在内容区域，必要时可以给按钮添加边界或背景。位于栏（Bar）、动作列表（Action Sheet）和警告框（Alert）中的按钮可以不需要边界，因为用户知道在这种区域中大多数选项是可交互的。但是在内容区域，有必要使用边界或背景将按钮从其他内容中区分出来。例如，时钟、照片和 App Store 在一些特别的场景中使用这种按钮，如图 2-32 所示。

图2-31　　　　图2-32

用户所知道的标准手势

用户使用点击、拖曳和捏合等手势与应用和他们的 iOS 设备进行交互。使用手势拉近了用户和设备之间的距离，并且增强了直接操纵感。用户都希望手势在不同应用之间都是通用的。其常用的手势所表达的含义如图 2-33 所示。

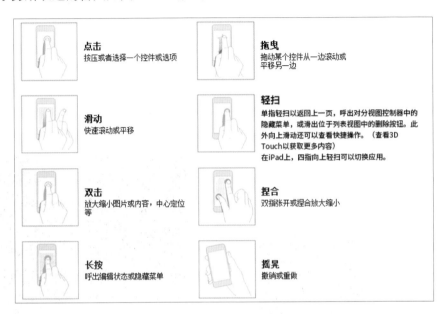

图2-33

反馈有助于理解

反馈可以帮助用户了解应用当前在做什么，发现接下来可以做什么以及理解他们动作产生的结果。UIKit 的操作和视图提供了很多反馈类型。要尽可能将状态或其他反馈信息整合到 UI 中，以及避免显示不必要的提醒对话框。

> **提 示**
>
> UIKit 是 YOOtheme 团队开发的一款轻量级、模块化的前端框架，可快速构建强大的 Web 前端界面。UIKit 提供了全面的 HTML、CSS 及 JS 组件，它们使用简单，容易定制和扩展。

输入信息方式要便捷

不管用户是点击控件还是使用键盘，输入信息都会花费时间和精力。如果在发挥有用的效用前就让用户输入大量信息，会减弱用户继续使用的欲望，可通过以下几种方式解决问题。

- 让用户更容易进行选择。由于大部分用户觉得从列表中进行选择要比打字容易得多，所以可使用选择器或者表格代替纯文本，如图 2-34 所示。

图2-34

49

- 适时地从 iOS 中获取信息。设备上存储了大量的用户信息。可以的话，不要让用户提供你可以轻易找到的信息，如联系人或日历信息。
- 提供有用的反馈来平衡用户的输入。在使用应用的过程中，付出和回报的概念可以帮助用户感到进程在被推进。

2.1.7　动画

细微且精美的动画已经遍布 iOS 的用户界面，它们使应用的体验更具吸引力，更具动态性。适当的动画有传达状态和提供反馈、增强直接的操纵感和将用户的操作可视化等优点，如图 2-35 所示。

图2-35

2.1.8　颜色和字体

在界面设计中，颜色与字体给人最直观的感受。因此，合理的颜色与优秀的文本排版也是体现 UI 界面设计的重要因素。下面分别就其两方面的相关知识进行详细的介绍。

色彩的功能

在 iOS 系统中，颜色用于表明交互、传递活性以及提供视觉连续性。内置的应用程序选择使用那些看起来更具个性的、纯粹和干净的颜色，并辅以或亮或暗的背景组合，如图 2-36 所示。在使用色彩时要注意以下几点。

图2-36

- 当要创建多样的自定义颜色时，要确保它们能够和谐共存。例如，如果这个应用的基本风格是柔和的色调，就应该创建一个协调的柔和色调的色板用于整个应用，如图 2-37 所示。

图2-37

- 当用户使用自定义的栏颜色时，着重考虑半透明的栏和应用内容。当你需要创建能匹配特别颜色的栏颜色时，可能在获得想要的结果之前，你需要用各种颜色进行实验。栏的显示将会同时受到 iOS 系统所提供的半透明栏与藏在栏后面的应用内容的呈现所影响，如图 2-38 所示。

图2-38

- 注意在不同情境下的颜色对比。例如，如果在导航栏的背景与栏按钮标题之间没有足够的对比，按钮就会很难被用户看到。一个快速但不严谨的方法是通过将设备置于不同的光照环境之中来测试设备上的颜色是否具有足够的对比度。

页面中使用的有彩色最好不要超过3种。只要确定1个基本色、1个辅助色和1个重点色，就可以很轻松地区分各种功能和操作状态。其他部分可以使用黑、白、灰3种无彩色做补充和调和。

提 示

这里所说的3种有彩色是针对色相（红橙黄绿青蓝紫）而言的，类似于深棕色和略浅的棕色之类，在明度和纯度上小幅变化的颜色可以视作一种颜色。

- 注意颜色的盲区。在使用颜色时要注意区分红色与绿色。通过一些图像编辑软件或工具能够有效地帮你验证颜色的盲区。
- 考虑选择一种基准色来表征交互性与状态。内置的应用里的基准色包括备忘录中的黄色、日历中的红色等，如图2-39所示。如果要定义一种用于表征交互性和状态的基准色，要确保在应用界面中不会和其他颜色发生冲突。

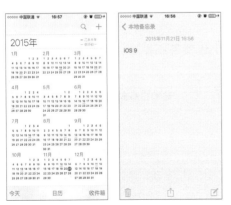

图2-39

- 避免给可交互和不可交互的元素使用相同的颜色。色彩是表明 UI 元素交互属性的方式之一。如果可交互和不可交互的元素使用相同的颜色，用户将会难以判断哪些区域是可点的。
- 合理使用色彩可以向用户传达信息，要尽可能确定应用中运用的色彩向用户传达了恰当的信息。
- 不能让颜色喧宾夺主，让用户分心。除非色彩是应用的目的和本质所在，通常情况下，色彩应该用来从细微细节之处提升用户体验。

优秀的排版提供清晰的传达

字体权重在内容的整体风格和表达中有重要影响，因此你可以选择特定的权重来达到设计的目的。在界面中使用文本设计界面时，要注意以下几点。

- 文本尺寸的响应式变化需要优先考虑的内容。并不是所有的内容对于用户都是同等重要的。例如，当用户选择具备更大易用性的文本尺寸时，邮件将会以更大的尺寸显示邮件的主题和内容；而对于那些没那么重要的信息，如时间和收件人，则采用较小的尺寸，如图2-40所示。
- 通常情况下，应用中整体应该使用单一字体。多种字体的混杂会使其看上去支离破碎和草率。相反，应该使用一种字体和少数样式，根据语义用途来定义不同文本区域的样式，比如正文或者标题，如图2-41所示。

图2-40

图2-41

2.2 iOS 的界面设计规范

　　iOS 用户已经对内置应用的外观和行为非常熟悉，那么了解 iOS 的界面设计规范，有助于方便进行标准的产品设计。下面对 iOS 系统的界面尺寸、图标尺寸、字体以及内部设计规则等进行详细的介绍。

2.2.1 iOS 界面设计尺寸

　　界面尺寸是完成界面设计的前提，只有清楚地了解不同设备的设计尺寸，才能设计出符合产品标准的应用。iOS 界面设计规范如图 2-42 所示。

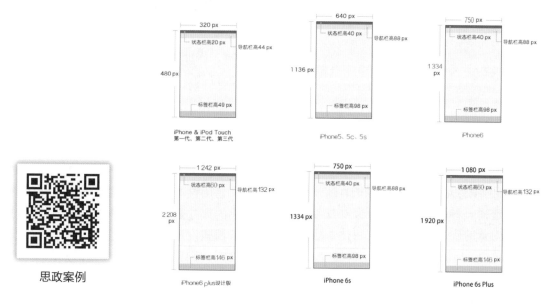

思政案例

图2-42

2.2.2 iOS 设计元素尺寸

　　不同设备的界面尺寸不同，那么其设计元素的大小也就各不相同，如表 2-1 所示。

表 2-1

设　　备	分　辨　率	状态栏高度	导航栏高度	标签栏高度
iPhone X	1 125 × 2 436 px	60 px	132 px	147 px
iPhone 8 plus	1 080 × 1 920 px	60 px	132 px	147 px
iPhone 8	750 × 1 334 px	40 px	88 px	98 px
iPhone 7 plus	1 080 × 1 920 px	60 px	132 px	147 px
iPhone 7	750 × 1 334 px	40 px	88 px	98 px
iPhone 6s plus	1 080 × 1 920px	60 px	132 px	147 px
iPhone 6s	750 × 1 334 px	40 px	88 px	98 px
iPhone6	750 × 1 334 px	40 px	88 px	98 px
iPhone5/5s/5c	640 × 1 136 px	40 px	88 px	98 px

2.2.3　iOS 界面图标尺寸

在 iOS 应用中，图标作为动作执行的视觉表现。下面简单介绍不同设备的界面图标尺寸，如表 2-2 所示。

表 2-2

设　　备	App Store	程序应用	主屏幕	spotlight 搜索	标签栏	工具栏和导航栏
iPhone 7plus/8plus/X	1 024 × 1 024 px	180 × 180 px	144 × 144 px	87 × 87 px	75 × 75 px	66 × 66 px
iPhone 7/8	1 024 × 1 024 px	120 × 120 px	144 × 144 px	58 × 58 px	75 × 75 px	44 × 44 px
iPhone 6/6s plus	1 024 × 1 024 px	180 × 180 px	144 × 144 px	87 × 87 px	75 × 75 px	66 × 66 px
iPhone 6s	1 024 × 1 024 px	120 × 120 px	144 × 144 px	58 × 58 px	75 × 75 px	44 × 44 px
iPhone 5/5s/5c	1 024 × 1 024 px	120 × 120 px	144 × 144 px	58 × 58 px	75 × 75 px	44 × 44 px
iPad 3/4，Air/Air 2/mini 2	1 024 × 1 024 px	180 × 180 px	144 × 144 px	100 × 100 px	50 × 50 px	44 × 44 px

2.2.4　iOS 界面文本尺寸

Apple 为全平台设计了 San Francisco 字体，以提供一种优雅的、一致的排版方式和阅读体验。在 iOS 10 及未来的版本中，San Francisco 是系统字体。

> **提　示**
>
> San Francisco 有两类尺寸，分别为文本模式（Text）和展示模式（Display）。 文本模式适用于小于20点（points）的尺寸，展示模式适用于大于20点（points）的尺寸。

当你在你的 App 中使用 San Francisco 时，iOS 会自动在适当的时机在文本模式和展示模式中切换。文本模式和展示模式在不同字号下的间距值分别如图 2-43 和图 2-44 所示。

@2x (144 PPI)下字号	字间距
6	41
8	26
9	19
10	12
11	6
12	0
13	-6
14	-11
15	-16
16	-20
17	-24
18	-25

图2-43

@2x (144 PPI)下字号	字间距
20	19
22	16
28	13
32	12
36	11
50	7
64	3
80 以及以上	0

图2-44

一个视觉舒适的 App 界面，字号大小对比要合适，并且各个不同界面大小对比要统一，其各个元素中的文本大小如下。

- 导航栏标题：34~42 px。如今标题越来越小，一般 34 px 或 36 px 比较合适。
- 标签栏文字：20~24 px。iOS 自带应用都是 20 px。
- 正文：28~36 px。正文样式在大字号下使用 34 px 字体大小，最小也不应小于 22 px。
- 在一般情况下，每一档文字大小设置的字体大小和行间距的差异是 2 px。一般为了区分标题和正文，字体大小差异要至少为 4 px。
- 标题和正文样式使用一样的字体大小，为了将其和正文样式区分，标题样式使用中等效果。

提 示

关于字号大小的使用规律，最好找比较好的应用截图，然后量出规律，直接套用即可。

2.3　iOS 的图标运用

所有的程序都需要图标来承担为用户传达应用程序基础信息的重要使命。接下来分别对不同类型的图标进行详细地介绍。

2.3.1　iOS 图标设计的原则

每一个应用程序都需要一个别具一格的、令人难忘的、在 App Store 中和手机的主屏幕上突出的图标。但在设计图标时，可能会遇到没有灵感或者做出的图标不尽人意的情况，下面通过总结图标设计的几个技巧给用户提供一定的帮助。

- 易识别。在一般情况下，要尽量避免使用一个有两种含义的图形元素或着直观表面意义不明确的图标。例如，邮件程序图标使用一个信封，而不是农村的邮箱、一个邮包或邮局的象征，如图 2-45 所示。

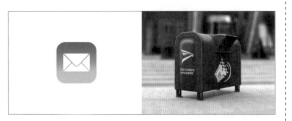

图2-45

- 保持简捷。尤其要避免添加过多的图形元素和细节。如果图标的内容或形状过于复杂，细节就会变得更加复杂，并且在更小的尺寸下可能会出现模糊的现象。iOS 的自带应用程序图标都很简捷，就算设置中的小尺寸也依然清晰可见，如图 2-46 所示。

图2-46

- 抽象化。在创建应用程序时要本着抽象解释的思想来设计。由于照片的细节在很小的尺寸下是看不到的，所以要避免使用照片或截图作为应用程序图标。在一般情况下，尽可能用艺术的方式来解释现实，如图 2-47 所示。

图2-47

- 扁平化。如今图标的扁平化已引领时代的潮流。扁平化是指去掉多余的透视、纹理、渐变等能做出3D效果的元素，让"信息"本身重新作为核心被凸显出来，并且在设计元素上强调抽象、极简和符号化。扁平化不仅能够使界面美观、简捷，而且能够有降低功耗、延长待机时间和提高运算速度等优点，如图2-48所示。

图2-48

- 专注于一个独特的形状。一个成功的应用图标应该具有独一无二和让人眼前一亮等优点。有的图标会通过很多颜色或功能的递进来设计，但这些图标的中央设计元素应以一个醒目的形状呈现出来，让人一目了然，如图2-49所示。

图2-49

- 谨慎使用颜色。在通常情况下，尽可能只使用 1～2 种主色调。虽然可以做出很多漂亮的颜色，但一般情况下很难决定要如何进行搭配，如图 2-50 所示。

图2-50

提示

　　重新设计为iOS。该应用程序的图标是你的应用程序的品牌的重要组成部分。如果你已经有PC端的产品图标存在，建议你重新设计为iOS。你可以在原来图标的基础上，适当提取图形和配色元素加以简化后进行设计。

2.3.2　iOS 应用程序图标

　　每个应用都需要一个漂亮的图标。用户常常会在看到应用图标的时候便建立起对应用的第一印象，并以此评判应用的品质、作用以及可靠性。完美的图标可以提高产品的整体体验和品牌，同时也形成紧密结合、高度可辨和颇具吸引力的画作。图 2-51 所示为应用于 iOS 系统的第三方应用图标。

图2-51

　　优秀的图标可引起用户的关注和下载，激发用户点击的欲望。在设计应用图标时应当注意以下几点。

- 应用图标是整个应用品牌的重要组成部分。将图标设计当成一个讲述应用背后的故事，以及与用户建立情感连接的机会。

- 最好的应用图标是独特的，整洁的，打动人心的，让人印象深刻的。
- 一个好的应用图标在不同的背景以及不同的规格下都应该同样美观。不要为了丰富大尺寸图标的质感而添加细节，因为这样有可能让图标在小尺寸时变得不清晰。

提示

针对不同的设备要创建与其相应的应用图标，但前提是该程序要适用于所有设备。不同的 iOS 设备所创建的尺寸也不同。在本章的 2.2.3 小节中已针对不同设备给出相应的图标尺寸，用户可根据需要自行查看。

案例 绘制日历图标

案例分析：本案例介绍制作日历图标，它的底座由不同颜色的圆角矩形和简单的矩形组成。总体来说，这款图标的操作步骤比较简单，但在制作过程中要注意对图层样式的设置以及对形状的调整，最终效果如图 2-52 所示。关于案例的效果，读者可以通过扫描二维码查看，如图 2-53 所示。

图2-52

图2-53

色彩分析：以不同程度的粉色为底色，搭配棕色的矩形以及白色的文字，使得界面整体分层比较明显，体现其图标美观而神秘的感觉。

使用的技术	圆角矩形工具、直线工具、文本工具、矩形工具
规格尺寸	1 024×1 024（像素）
视频地址	视频 \ 第 2 章 \2-3-2.mp4
源文件地址	源文件 \ 第 2 章 \2-3-2.psd

01 执行"文件 > 新建"命令，新建一个 1 024×1 024 像素的空白文档，如图 2-54 所示。单击工具箱中的"圆角矩形工具"按钮，填充背景色为 RGB（249、39、88），如图 2-55 所示。

图2-54

图2-55

02 单击"图层"面板底部的"添加图层样式"按钮，在弹出的"图层样式"对话框中选择"内阴影"选项，设置如图 2-56 所示的参数。选择"内发光"选项，设置如图 2-57 所示的参数。

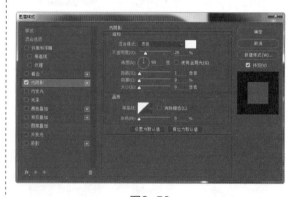
图2-56

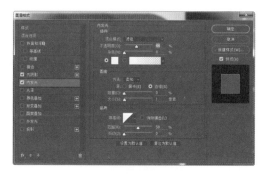

图2-57

03 选择"渐变叠加"选项，设置如图2-58所示的参数。选择"投影"选项，设置如图2-59所示的参数。

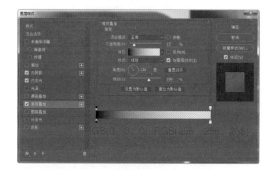

图2-58

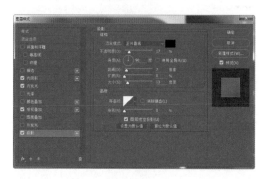

图2-59

提 示

单击渐变条后，将鼠标指针放在渐变下方的色标小房子图标上，双击即可弹出"拾色器"对话框，选择合适的颜色，单击"确定"按钮后，即可编辑渐变颜色。当光标变为一只小手时，单击即可添加色标；单击并拖动色标，用鼠标将其拖动至渐变条外，即可删除不需要的色标。

04 单击工具箱中的"圆角矩形工具"按钮，填充背景色为RGB（255、32、84），如图2-60

所示。单击工具箱中的"转换锚点工具"转换锚点，如图 2-61 所示。

图2-60　　　　　　　图2-61

05 单击工具箱中的"删除锚点工具"删除锚点，如图 2-62 所示。其最终图形效果如图 2-63 所示。

图2-62　　　　　　　图2-63

提 示

在制作该层时也可使用"矩形工具"设置"路径操作"为"减去顶层形状"，在图像中绘制形状，完成图像的制作。

06 单击"图层"面板底部的"添加图层样式"按钮，在弹出的"图层样式"对话框中选择"内阴影"选项，设置如图2-64所示的参数。选择"颜色叠加"选项，设置如图 2-65 所示的参数。

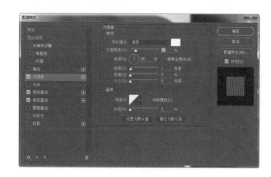

图2-64

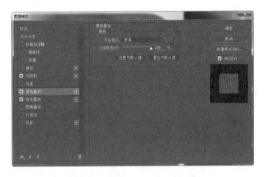

图2-65

07 选择"渐变叠加"选项，设置如图 2-66 所示的参数。其图形效果如图 2-67 所示。

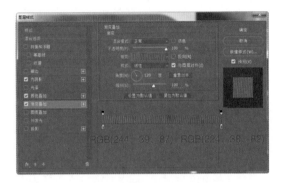

图2-66

图2-67

08 单击工具箱中的"矩形工具"按钮，填充背景色为 RGB（115、20、20），如图 2-68 所示。使用相同的方法完成相似图形的制作，如图 2-69 所示。

图2-68　　　　图2-69

09 单击工具箱中的"直线工具"按钮，在画布中创建填充背景色为 RGB（227、227、227）、粗细为 5 像素的直线，如图 2-70 所示。单击"图层"面板底部的"添加图层样式"按钮，在弹出的"图层样式"对话框中选择"颜色叠加"选项，设置如图 2-71 所示的参数。

图2-70

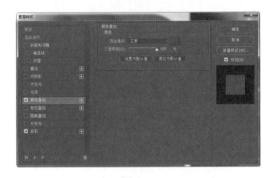

图2-71

10 选择"投影"选项，设置如图 2-72 所示的参数。打开"字符"面板，设置各项参数值，如图 2-73 所示。

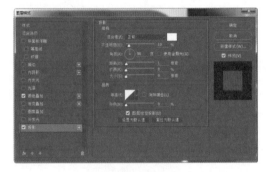

图2-72

图2-73

11 使用"横排文字工具"在画布中输入文字，其图形效果如图 2-74 所示。单击"图层"面板底部的"添加图层样式"按钮，在弹出的"图层样式"对话框中选择"渐变叠加"选项，设置如图 2-75 所示的参数。

图2-74

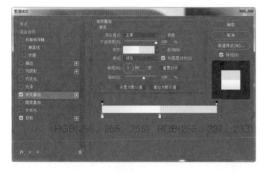

图2-75

12 选择"投影"选项，设置如图 2-76 所示的参数。其最终图像效果如图 2-77 所示。

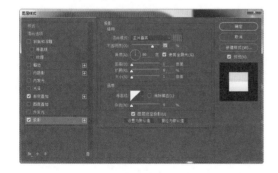

图2-76

图2-77

2.3.3 栏按钮图标

栏按钮图标一般包括导航栏、工具栏或标签栏中的小图标。在 iOS 应用中，作为动作执行的视觉表现，图标永远都是最好的表达方式。它们在通常情况下代表着各种常见的任务与操作，使得用户了解这些内置图标的含义，并尽可能地使用它们。常见的栏按钮图标如图 2-78 所示。

图2-78

当需要自定义动作或者内容时，也可以设计自定义图标。设计这些小的线性图标与设计应用图标有很大的区别，应当注意以下几点。

- 创建图标一致的家庭，一致性是关键。每一个图标应该尽可能地使用相同的角度和相同的行程量。确保所有的图标都一致，可能需要在不同的实际尺寸建立一些图标。例如，系统提供的图标所示的设置都有相同的感知大小，即使收藏夹和语音邮件图标实际上比其他三个图标大一点，如图 2-79 所示。

图2-79

- 当用户要设计自定义标签栏图标时，应当有两个版本：一个为未选中的外观，另一个为选中的外观，如表 2-3 所示。

表 2-3

未选中	选 中	方 法
		如果一个图标由于其填充的问题变得不可辨认，一个很好的选择是使用较重的笔划绘制所选版本
		创建一个键盘图标也会有很多细节，可以通过调整图像的填充样式或设置轮廓实现更好的效果
		一个设计需要轻微变更好看时的选择。例如，播客图标包括开放区域，选定的版本将笔画一点放进一个圆形外壳
		一个图标的形状细节，不能只满足于轮廓。在这种情况下，它是音乐和艺术家的图标，可以使用填充的图标版本的外观

- 设计一个自定义小图标，应遵循这些指导方针。
  - ◆ 通过设置图形的透明度来定义图标的形状。iOS 忽略所有的颜色信息，因此不需要使用一个以上的填充颜色。
  - ◆ 不包括阴影。
  - ◆ 添加抗锯齿功能。
  - ◆ 避免使用和苹果产品重复的图片。苹果产品图片都是有产权保护的，并且会经常变动。

有时也可通过文字来代替工具栏和导航栏的图标。例如，iOS 的日历中，工具栏上便是使用"今天""日历"和"收件箱"来代替图标表达含义的，如图 2-80 所示。

 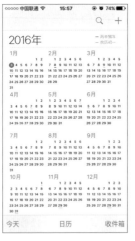

图2-80

> **提 示**
>
> 想要决定在工具栏和导航栏中到底是用图标还是文字，可以优先考虑屏中最多会同时出现多少个图标。同一屏幕中图标的数量过多可能会让整个应用看起来难以理解。使用图标还是文字还取决于屏幕方向是横向还是纵向，因为水平视图下通常会拥有更多的空间，可以承载更多的文字。

2.4 iOS 用户界面元素

iOS 界面由非常多的元素构成，每个元素都有不同的外观和尺寸，并且承载着不同的功能，而这些大量的可以直接使用的视图和控件，可以帮助开发者快速创建界面。

2.4.1 状态栏

状态栏的作用是展示设备的基本系统信息，如当前事件、时间和电池状态及其他更多信息。视觉上，状态栏是和导航栏相连的，都使用一样的背景填充。为配合 App 的风格和保证可读性，状态栏内容有两种不同的风格，分别为暗色（黑）和亮色（白），如图 2-81 所示。

图2-81

2.4.2 导航栏

导航栏包含一些控件，用来在应用里对不同的视图进行导航，以及管理当前视图中的内容。导航栏总在屏幕的上方、状态栏的正下方。在一般情况下，导航栏背景会进行轻微半透明处理，背景可以填充为纯色、渐变颜色或者自定义位图，如图 2-82 所示。

图2-82

当设备横屏时，其导航栏的高度也会进行相应的减小。而在 iPad 上，横屏时都是将状态栏进行隐藏。图 2-83 所示为 iPhone 6 横屏时的导航栏。

图2-83

2.4.3 标签栏

标签栏用于切换视图、子任务和模式，并且对程序层面上的信息进行管理，通常在屏幕底部。默认情况下，标签栏使用和导航栏一样的轻微半透明，以及使用和系统一样的模糊处理遮住的内容，如图 2-84 所示。

图2-84

标签栏的设计规则包括以下几点。

- 标签栏仅可以拥有固定的最大标签数。一旦数目超过最大数目，则最后一个选项卡将会以"更多标签"代替，其余标签以列表形式隐藏于此。另外，一般会有选项可以对显示的选项卡重新进行排序。

- iPhone 上最大选项卡数目是 5 个，iPad 上则可以显示多达 7 个而无需"更多"标签。

● 通知用户在一个新视图上有新消息，通常会在标签栏按钮上显示一个数字徽标。如果一个视图暂时隐藏，相关的选项卡按钮不会完全隐藏，而是会慢慢淡化以传达一个不可用的状态。

案例 制作新闻界面

案例分析：本案例介绍新闻界面视图，通过对状态栏、导航栏和标签栏的绘制组合而成。其界面内容由不同的图片拼凑而成，因此一定要注意每个图片块之间的边缘对齐以及对各个栏中元素的绘制，否则会影响整个页面的整齐效果。其最终效果如图 2-85 所示。关于案例的效果，读者可以通过扫描二维码查看，如图 2-86 所示。

色彩分析：以黄色作为背景，搭配白色的文字以及按钮，界面的主体又由不同的图片拼合而成，使得整个界面显得活泼而靓丽，令人眼前一亮。

图2-85

图2-86

使用的技术	矩形工具、椭圆工具、圆角矩形工具
规格尺寸	750×1 334（像素）
视频地址	视频\第 2 章\2-4-3.mp4
源文件地址	源文件\第 2 章\2-4-3.psd

01 执行"文件>新建"命令，新建一个 750×1 334 像素的空白文档，如图 2-87 所示。单击工具箱中的"矩形工具"按钮，在画布中创建填充为 RGB（255、159、112）的矩形，如图 2-88 所示。

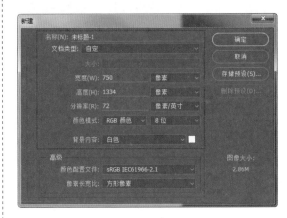

图2-87

图2-88

02 使用相同的方法完成相似图形的制作，如图 2-89 所示。使用"椭圆工具"在画布左上角创建填充为黑色的正圆，如图 2-90 所示。

图2-89

图2-90

03 设置"工具模式"为合并形状,使用相同方法完成相似图形的绘制,如图 2-91 所示。使用"椭圆工具"在画布左上角创建描边为黑色、填充为无的正圆,如图 2-92 所示。

图2-91　　　　　　图2-92

04 打开"字符"面板,设置各项参数值,如图 2-93 所示。使用"横排文字工具"在画布中输入文字,图形效果如图 2-94 所示。

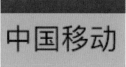

图2-93　　　　　　图2-94

05 单击工具箱中的"钢笔工具"按钮,绘制"填充"颜色为黑色的图形,如图 2-95 所示。使用"钢笔工具",设置模式为路径,单击路径操作按钮,执行"减去顶层形状"命令,绘制图形,如图 2-96 所示。

图2-95　　　　　　图2-96

06 使用相同的方法完成相似图形的制作,其图像效果如图 2-97 所示。打开"字符"面板,设置各项参数值,如图 2-98 所示。

图2-97　　　　　　图2-98

07 使用"横排文字工具"在画布中输入文字,图形效果如图 2-99 所示。

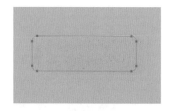

图2-99

08 单击工具箱中的"圆角矩形工具"按钮,绘制如图 2-100 所示的图形。单击"图层"面板底部的"添加图层样式"按钮,在弹出的"图层样式"对话框中选择"描边"选项,设置如图 2-101 所示的参数。

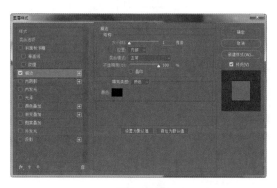

图2-100

图2-101

09 设置"填充"颜色为黑色，在图像中创建另一个形状，如图 2-102 所示。单击工具箱中的"椭圆工具"按钮，绘制如下图形，设置"填充"为黑色，如图 2-103 所示。

图2-102

图2-103

10 单击工具箱中的"矩形工具"按钮，设置"路径操作"为"减去顶层形状"，在图像中绘制，如图 2-104 所示。对所有的图层进行编组，重命名为"状态栏"。图像的最终效果如图 2-105 所示。

图2-104

图2-105

11 单击工具箱中的"椭圆工具"按钮，在画布中绘制填充为白色的正圆，如图 2-106 所示。在"图层"面板中设置不透明度为35%，其图形效果如图 2-107 所示。

图2-106

图2-107

12 单击工具箱中的"矩形工具"按钮，在画布中绘制填充为白色的矩形，如图 2-108 所示。拷贝矩形 3 得到"矩形 3 拷贝"，使用 Ctrl+T 组合键调整图形，选中相应的图层单击鼠标右键选择"合并图层"选项，其图像效果如图 2-109 所示。

图2-108

图2-109

13 使用相同的方法完成相似图形的绘制，如图 2-110 所示。

图2-110

14 打开"字符"面板，设置各项参数值，如图 2-111 所示。使用"横排文字工具"在画布中输入文字，图形效果如图 2-112 所示。

图2-111

图2-112

15 单击工具箱中的"圆角矩形工具"按钮，在画布中绘制填充为无、描边为 RGB（255、192、37）的矩形，如图 2-113 所示。

图2-113

16 单击工具箱中的"矩形工具"按钮，在画布中创建矩形，如图 2-114 所示。

图2-114

17 打开"字符"面板，设置各项参数值，如图 2-115 所示。使用"横排文字工具"在画布中输入文字，图形效果如图 2-116 所示。

图2-115

图2-116

18 使用相同的方法完成其他文字的制作，如图 2-117 所示。打开素材"素材\第 2 章\24301.png"，将相应的图片拖入画布中，如图 2-118 所示。

图2-117

图2-118

19 使用相同的方法将相应的图片拖入画布中，如图 2-119 所示。单击工具箱中的"自定义工具"按钮，选择相应的形状，在画布中绘制如图 2-120 所示的形状。

图2-119　　　　　　图2-120

20 打开"字符"面板，设置各项参数值，如图 2-121 所示。使用"横排文字工具"在画布中输入文字，图形效果如图 2-122 所示。

图2-121

图2-122

21 单击工具箱中的"矩形工具"按钮，在画布中绘制填充为 RGB（223、80、82）的矩形，如图 2-123 所示。在"图层"面板中设置不

透明度为 51%，单击"图层"面板底部的"添加图层样式"按钮，在弹出的"图层样式"对话框中选择"渐变叠加"选项，设置如图 2-124 所示的参数。

图2-123

图2-124

提　示

在为形状图层添加"渐变叠加"图层样式时，主要根据形状的大小调整渐变条下方色标之间的距离。

22 单击工具箱中的"椭圆工具"按钮，在画布中绘制椭圆，如图 2-125 所示。使用相同的方法完成相似图形的制作，如图 2-126 所示。

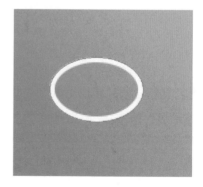

图2-125

图2-126

23 单击工具箱中的"圆角矩形工具"按钮，在画布中绘制填充为白色的圆角矩形，如图2-127所示。使用相同的方法完成相似图形的制作，如图2-128所示。

图2-127

图2-128

24 使用相同的方法完成标签栏其他元素的制作，如图2-129所示。将相应的图层进行编组，其最终图像效果如图2-130所示。

图2-129

图2-130

2.4.4　搜索栏

搜索栏在默认状态下有两种风格，分别是凸显（Prominent）和最小化（Minimal）。两种风格的功能相同。

- 当用户没有输入文本时，搜索框内将显示提示文本，并且可以选择地设置一个书签图标，用来查看最近搜索以及保存的搜索，如图2-131所示。

图2-131

- 一旦输入搜索项目，提示文本将消失，而一个清晰的清空按钮将出现在右端，如图2-132所示。

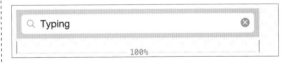

图2-132

为了查询搜索能更好地控制，可以为搜索栏接上一个范围栏（Scope Bar）。范围栏将使用和搜索栏相同的风格，其在明确定义了搜索结果类别的情况下会很有用。例如，一个地图应用，搜索结果可以再次通过美食、饮品或购物等多方面进行筛选，如图 2-133 所示。

图2-133

2.4.5 工具栏

工具栏包含一些管理、控制当前视图内容的动作。iPhone 上，工具栏将永远在屏幕底部边缘，而在 iPad 上，其可以在屏幕顶部出现。

和导航栏一样，其背景填充也可以自定义，默认是半透明效果以及模糊处理遮住的内容，如图 2-134 所示。

图2-134

提 示

在工具栏中通常用于超过3个主动作的特定视图，否则外观会看起来很混乱或是很难适应界面。

案例 制作地图界面

案例分析：本案例主要介绍工具栏以及搜索栏的制作方法和步骤，在制作过程中需要注意搜索栏圆角的大小，以及对界面中各个元素的精确绘制，其最终效果如图 2-135 所示。关于案例的效果，读者可以通过扫描二维码查看，如图 2-136 所示。

色彩分析：搜索栏中的图像以浅灰色作为底色，搭配深灰色的按钮及文字，朴素而又和谐；工具栏中的按钮以白色作为底色，搭配粉色以及灰色的按钮，色彩分明，使界面沉稳而又大气。

图2-135   图2-136

使用的技术	矩形工具、自定义工具、圆角矩形工具
规格尺寸	750×1 334（像素）
视频地址	视频 \ 第 2 章 \2-4-5.mp4
源文件地址	源文件 \ 第 2 章 \2-4-5.psd

01 执行"文件 > 新建"命令，新建一个 750×1 334 像素的空白文档，如图 2-137 所示。执行"文件 > 打开"命令，打开素材"素材 \ 第 2 章 \24501.png"，将相应的图片拖入画布中，如图 2-138 所示。

图2-137

图2-138

02 单击工具箱中的"矩形工具"按钮，在画布中绘制填充为黑色的矩形，如图2-139所示。在图层面板中设置不透明度为22%，使用相同的方法将素材"素材\第2章\24502.png"拖入画布中，如图2-140所示。

图2-139　　　　　图2-140

03 单击工具箱中的"直线工具"按钮，在画布中创建填充为黑色的直线，宽度为10像素，并在图层面板中设置不透明度为20%，如图

2-141所示。单击工具箱中的"圆角矩形工具"按钮，绘制"填充"颜色为RGB（222、222、222）、半径为10像素的圆角矩形，如图2-142所示。

图2-141

图2-142

04 单击工具箱中的"椭圆工具"按钮，在画布中绘制图形，如图2-143所示。单击工具箱中的"矩形工具"按钮，在画布中绘制填充RGB（152、152、153）的矩形，使用组合键Ctrl+T，调整图形，如图2-144所示。

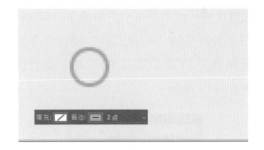

图2-143

图2-144

05 打开"字符"面板，设置各项参数值，如图 2-145 所示。使用"横排文字工具"在画布中创建文字，如图 2-146 所示。

图2-145

图2-146

06 打开素材"素材\第 2 章\24503.png"，将相应的图片拖入画布中，如图 2-147 所示。单击工具箱中的"椭圆工具"按钮，在画布中绘制填充 RGB（255、60、48）的正圆，如图 2-148 所示。

图2-147

图2-148

07 单击工具箱中的"矩形工具"按钮，设置填充 RGB（141、121、108），设置路径为合并形状，在画布中绘制矩形，如图 2-149 所示。单击"图层"面板底部的"添加图层样式"按钮，在弹出的"图层样式"对话框中选择"投影"选项，设置如图 2-150 所示的参数。

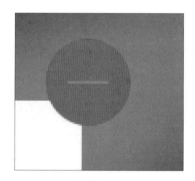

图2-149

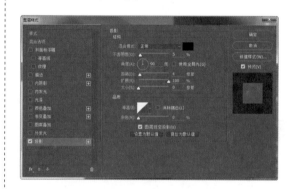

图2-150

08 单击工具箱中的"矩形工具"按钮，在画布中绘制填充 RGB（249、249、249）的矩形，如图 2-151 所示。使用相同的方法在画布中绘制填充 RGB（245、87、255）的矩形，如图 2-152 所示。

图2-151

图2-152

09 使用组合键 Ctrl+T 将图像旋转 45°，如图 2-153 所示。使用相同的方法完成相似图形的绘制，并将相应的图层进行合并，如图 2-154 所示。

图2-153

图2-154

10 使用相同的方法完成其他元素的制作，并将相应的图层进行编组，如图 2-155 所示。其最终图像效果如图 2-156 所示。

图2-155

图2-156

提示

在iPhone上，要考虑到由设备方向改变引起的工具栏高度变化，确保定制的工具栏图标与横屏模式下的窄工具条相适应，不要把工具栏的高度固定。在适当的时候，可以定制工具栏的颜色和透明度。

2.4.6 表格视图

表格视图以单行多列的方式呈现数据，其每行都可划分为信息或分组。

根据数据类型，可能会用到这两种基本的表格视图类型，分为以下几种表格类型。

- 纯表格。纯表格由一定的行数组成，在顶部可以拥有一个表头，底部可以含有一个表尾。可以在屏幕右端带一个垂直导航，通过表格的形式进行导航，这在呈现大量数据时十分有用。在右端还可以通过一些方式进行排序（如按字母自上到下排序），如图 2-157 所示。

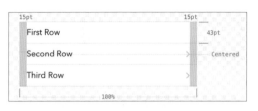

图2-157

- 分组表格。分组表格视图以分组的方式组织 "表行"。每个分组可以有一个头以及一个尾，头最好用于描述组的内容，而尾则用来显示帮助信息等。分组表格至少要由一个分组组成，而且每个分组至少要有一行。
- 默认。在默认情况下，表格的风格是一个图标加一个标题，而图标在左侧，如图 2-158 所示。

图2-158

- 带副标题。带副标题的表格风格在标题下面允许有一个简短的副标题文本，常用于进一步解释或简短描述，如图 2-159 所示。

图2-159

- 带数值。带数值的表格风格可以带一个与行标题相关的特别值，和默认风格类似，每行也可以有一个图标和标题，都是左对齐。紧随其后的是右对齐的数值文本，通常颜色会比标题文本的颜色浅些，如图 2-160 所示。

图2-160

案例 制作表格视图

案例分析： 本案例介绍用户的表格视图，它的导航栏有明显的渐变色，通过人物信息以及不同的形状完成整个页面的组成，其最终效果如图 2-161 所示。关于案例的效果，读者可以通过扫描二维码查看，如图 2-162 所示。

色彩分析： 以紫色的渐变作为背景，搭配黑色的文字以及人物头像的组成，使得整个界面呈现整洁、整体层次分明，给人清新活泼的感觉。

图2-161　　　　图2-162

使用的技术	矩形工具、椭圆工具、直线工具、圆角矩形工具
规格尺寸	750×1 334（像素）
视频地址	视频\第 2 章\2-4-6.mp4
源文件地址	源文件\第 2 章\2-4-6.psd

01 执行 "文件 > 新建" 命令，新建一个 750×1 334 像素的空白文档，如图 2-163 所示。单击工具箱中的 "矩形工具" 按钮，创建一个 "填充" 颜色为 RGB（246、111、97）的矩形，如图 2-164 所示。

图2-163

图2-164

02 单击"图层"面板底部的"添加图层样式"按钮,在弹出的"图层样式"对话框中选择"渐变叠加"选项,设置如图 2-165 所示的参数。执行"文件 > 打开"命令,打开素材"素材\第2章\24601.png",将相应的图片拖入画布中,调整图形位置,如图 2-166 所示。

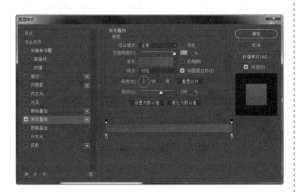

图2-165

图2-166

03 单击工具箱中的"直线工具"按钮,在画布中绘制填充为白色、粗细为 4 像素的直线,如图 2-167 所示。使用相同的方法,按住Shift 键完成相似图形的制作,如图 2-168 所示。

图2-167

图2-168

> **提示**
>
> 　　在绘制完第一条直线时,按住Shift键不放继续在画布中绘制直线,可将所有直线绘制在一个图层中,也可将"工具模式"设置为"合并形状",将所有直线都绘制在一个图层中。

04 打开"字符"面板，设置各项参数值，如图 2-169 所示。使用"横排义字工具"在画布中输入文字，图形效果如图 2-170 所示。

图2-169

图2-170

05 单击工具箱中的"椭圆工具"按钮，在画布中绘制填充为无、描边为白色、像素为3的椭圆，如图 2-171 所示。单击工具箱中的"直线工具"按钮，在画布中绘制粗细为3像素的直线，如图 2-172 所示。

图2-171

图2-172

06 执行"文件 > 打开"命令，打开素材"素材 \ 第 2 章 \24602.png"，将相应的图片拖入画布中，调整图形位置，如图 2-173 所示。打开"字符"面板，设置各项参数值，如图 2-174 所示。

图2-173

图2-174

07 使用"横排文字工具"在画布中输入文字，图形效果如图 2-175 所示。单击工具箱中的"自定义工具"按钮，在画布中创建填充 RGB（160、155、148）的形状，如图 2-176 所示。

图2-175

图2-176

08 单击工具箱中的"椭圆工具"按钮,选择"减去顶层形状",在画布中绘制图形,如图2-177所示。单击工具箱中的"圆角矩形工具"按钮,在画布中绘制填充为 RGB(204、204、204)的圆角矩形,如图 2-178 所示。

图2-177

图2-178

09 使用相同的方法完成相似图形的绘制,如图 2-179 所示。使用文本工具添加相应的数字,如图 2-180 所示。

图2-179

图2-180

10 单击工具箱中的"直线工具"按钮,在画布中创建填充颜色为 RGB(227、227、227)、粗细为3像素的直线,如图2-181所示。

图2-181

11 使用相同的方法完成相似图形的制作,并将相应的图层进行编组,图层面板如图 2-182所示。最终图像效果如图 2-183 所示。

图2-182   图2-183

> **提 示**
>
> 在制作其他文字时,可先在画布中输入一行文字并选中该图层,按下Ctrl+J组合键,复制该图层,然后,按住Shift键并向下拖动到适当的位置,或者按下Shift+向下组合键,快速将其向下移动,再用"横排文字工具"单击文字,以修改文字。

2.4.7 活动视图

活动视图是用于执行特定任务的视图。这些任务可以是默认系统任务,通过选项分享内容等，或者可以完全自定义这些动作。当设计自定义任务按钮图标时，也应该按照导航栏按钮图标激活状态下同样的规范——实体填充，若没有其余的效果，放在一个半透明背景上，如图 2-184 所示。

图2-184

2.4.8 动作

动作菜单（Action Sheets）用于从可执行的动作中选择执行一个动作，要求 App 用户选择一个动作继续，或者取消，如图 2-185 所示。

图2-185

在竖屏时（在一些小屏幕横屏上也是），动作菜单总是以一列按钮滑动而出显示在屏幕底部。在这种情况下，一个动作菜单应该有一个取消按钮来关闭此视图，而不是只能执行前面的动作。

> **提 示**
>
> 当有足够空间时（如在iPad屏幕上），动作菜单视图则换成一个浮动框。这时并不要求有一个关闭按钮，因为点击任意外面的空白地方就可以关闭了。

2.4.9 警告提醒

警告框用于向用户展示对使用程序有重要影响的信息，它一般浮动在屏幕的中央，并且覆盖在主程序之上。警告框适用于通知用户关键信息，以及可以强制用户做出一些动作选择。

警告视图总包含一个标题文本，可以不限于一行，对于纯信息警告，如"关闭"，如图 2-186 所示；还不限一个或两个按钮，是请求式的决定，如"好"和"设置"，如图 2-187 所示。

图2-186　　　　　图2-187

在 iOS 系统中，警告框的设置标准尺寸如图 2-188 所示。

图2-188

2.4.10　编辑菜单

在一个元素（文本、图片及其他）被选定时，编辑菜单允许用户执行复制、粘贴、剪切等操作。虽然菜单上的选项是可以自定义的，但菜单的外观用户是无法设置的，除非构建一个自定义编辑菜单，如图 2-189 所示。

图2-189

2.4.11　浮动框

当一个特别动作要求用户在程序进行的同时输入多个信息时，浮动框（Popover）是个绝佳选择。一个很好的例子是，当选择添加一个项目时，有几项属性需要在项目被添加前设置好，这时，这些设置可以在浮动框上完成。

在通常情况下，浮动框上方会有一个相关的控件（如一个按钮），当打开的时候，浮动框的箭头指向控件，如图 2-190 所示。

图2-190

> **提 示**
>
> 浮动框是一个强大的临时视图，可以包含多种元件，如可以拥有自己的导航栏、表格视图、地图以及网页视图。当浮动框因为包含大量元素而拥有较大尺寸时，可以在浮动框内滚动，从而到达视图底部。

2.4.12　模态视图

对于要求用户执行多个指令或输入多个信息的任务来说，模态视图是一个十分有用的视图。模态出现在所有元素的顶层，而且当打开时，其区块会与下面的其他交互元素产生相互作用，如图 2-191 所示。

图2-191

输入的模态一般都具有以下几个特征。

- 一个描述任务的标题；
- 一个不保存、不执行其他动作的关闭模态视图按钮；
- 一个保存或提交输入的信息的按钮；
- 各种对用户在模态视图上输入的信息起作用的元素。

三种常用的模态视图风格如下。

- 全屏（Full screen），覆盖整个屏幕。
- 页表（Page sheet），在竖屏时，模态视图只覆盖部分下面的内容，当前视图留下一部分可视区域，并覆盖一层半透明黑色背景。在横屏时，页表模态视图和全屏模态视图一样。
- 表单（Form sheet），在竖屏时，模态视图在屏幕中间，周围区域可见但覆盖一层半透明黑色背景。当键盘显示时，模态视图的位置会自适应地改变。在横屏时，表单模态视图也是和全屏模态视图一样。

2.5 控件的绘制

iOS 为所有用户能想到的基本输入类型提供了范围很广的控件。iOS 中有各种各样的控件，用户能够通过控件的快捷方式完成一些操作或浏览信息的界面元素。

> **提示**
>
> 由于控件是从 UIView 继承而来的，因此用户可以通过控件的色彩颜色属性为其着色。iOS系统提供的控件默认支持系统定义的动效，外观也会随着高亮和选中状态的变化而变化。

2.5.1 活动指示器

活动指示器的主要作用是提示用户任务或过程正在进行中，如图 2-192 所示。当有网络活动发生时，指示器通常都显示在状态栏中。例如，在浏览网页时，系统会在手机左上角显示一个加载显示器，如图 2-193 所示。

图2-192

图2-193

- 外观。活动指示器在默认条件下是白色的。

- 活动。当活动指示器在旋转时，任务正在执行；当其消失时，任务完成。用户与活动指示器不允许进行交互。
- 指南。使用活动指示器在工具栏或视图中显示处理状态，随时向用户表明任务或进程的状态。

> **提示**
>
> 静止的活动指示器很容易让用户误认为是进程卡死了，所以在制作过程中不要使用静止的活动指示器。必要的话，可对活动指示器的尺寸和颜色进行设置。

2.5.2 选择器

选择器用于从可用值列表中选定一个值。其等于网站上常用的下拉选框（选择器也用于触摸模式下的 Safari 浏览器）。"日期选择器"可以让用户滚动一个日期时间列表来选择日、月份和时间，如图 2-194 所示。

图2-194

- 行为：日期和时间拾取器最多可以展示四个独立的滑轮，每一个滑轮展示一个类值，如月、日、小时和分钟。

显示了四个独立的滑轮，每个显示的值在一个单一的范畴，如一个月或小时。

使用深色文字显示电流值。

不能调整大小（一个日期选择器的大小与 iPhone 键盘相同）。

日期和时间拾取器的每一个滑轮展示一种状态数量，共有四种状态，供用户选择不同的值。

- 日期和时间。日期和时间模式（默认模式）显示滑轮的日历日期、小时、分钟值和一个可选的盘设定 AM/PM。
- 时间。时间模式显示滑轮的小时和分钟值，以及一个可选的盘设定 AM/PM。
- 日期。日期模式显示滑轮为月、日和年值。
- 倒计时。倒计时模式显示滑轮的小时和分钟值。用户可以指定的总持续时间的倒计时最多为 23 小时 59 分钟。
- 指南：用户可以使用日期和时间拾取器对包含多段内容的时间进行设计，如日、月、年。因为每一部分的取值范围都很小，用户也猜得到接下来会出现什么，所以日期和时间拾取器操作起来非常简单。

有时可以合理地改变一下分钟滑轮的步长。

当分钟轮处于默认状态时，通常展示为 60 个值（0~59）。

当用户对时间的精准度没有太高的要求时，可以将分钟轮的步长设置得更大些，最高可达 60。例如，对时间精准度要求是"刻"，就可以展示 0、15、30、45。

在 iPad 上，日期和时间拾取器只在浮出层里展示，因为日期和时间拾取器不适合在 iPad 上全屏展示。

案例 制作闹钟界面

案例分析：本案例介绍用户的闹钟的制作方法界面，在制作过程中要注意文本元素字号大小的使用，以及对图层不透明度的设置，其最终效果如图 2-195 所示。关于案例的效果，读者可以通过扫描二维码查看，如图 2-196 所示。

色彩分析：以蓝色作为主色，以深蓝色为辅色，搭配白色的文字及按钮，显得整个页面效果协调而统一。

图2-195　　　　图2-196

使用的技术	矩形工具、椭圆工具、文本工具、圆角矩形工具
规格尺寸	750×1 334（像素）
视频地址	视频\第 2 章\2-5-2.mp4
源文件地址	源文件\第 2 章\2-5-2.psd

01 执行"文件>新建"命令，新建一个 750×1 334 像素的空白文档，如图 2-197 所示。单击工具箱中的"矩形工具"按钮，绘制"填充"颜色为 RGB（50、172、195）的矩形，如图 2-198 所示。

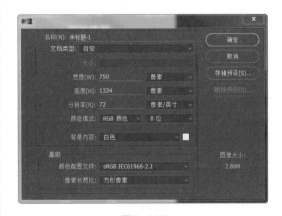

图2-197

图2-198

02 执行"文件>打开"命令，打开素材"素材\第2章\25201.png"，将相应的图片拖入画布中，如图2-199所示。打开"字符"面板，设置相应的参数，如图2-200所示。

图2-199

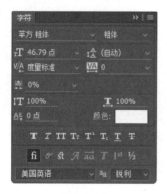

图2-200

03 使用"横排文字工具"在画布中输入文字，图形效果如图2-201所示。单击"图层"面板底部的"添加图层样式"按钮，在弹出的"图层样式"对话框中选择"投影"选项，设置如图2-202所示的参数。

图2-201

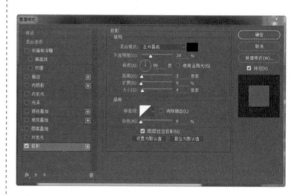

图2-202

04 单击工具箱中的"椭圆工具"按钮，绘制"填充"颜色为RGB（27、123、141）的正圆，如图2-203所示。使用相同的方法完成相似图形的制作，如图2-204所示。

图2-203

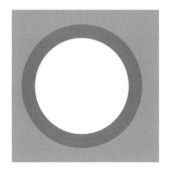

图2-204

05 单击工具箱中的"圆角矩形工具"按钮，绘制"填充"颜色为黑色、半径为 3 像素的圆角矩形，如图 2-205 所示。使用相同的方法完成相似图形的制作，如图 2-206 所示。将相应的图层进行编组，重命名为"刻度"。

图2-205

图2-206

06 单击工具箱中的"圆角矩形工具"按钮，绘制"填充"颜色为 RGB（54、186、85）、半径为 5 像素的圆角矩形，如图 2-207 所示。使用相同的方法完成相似图形的制作，如图 2-208 所示。将相应的图层进行编组，重命名为"时钟"。

图2-207

图2-208

07 单击工具箱中的"圆角矩形工具"按钮，绘制"填充"颜色为 RGB（27、123、141）、半径为 100 像素的圆角矩形，如图 2-209 所示。打开"字符"面板，设置各项参数值，如图 2-210 所示。

图2-209

图2-210

08 使用"横排文字工具"在画布中输入文字，图形效果如图 2-211 所示。在"图层"面板

中设置"不透明度"为 30%，其文字效果如图 2-212 所示。

图2-211

图2-212

09 使用相同的方法完成相同文本的制作，如图 2-213 所示。在"图层"面板中设置"不透明度"为 60%，其文字效果如图 2-214 所示。

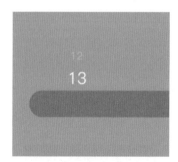

图2-213

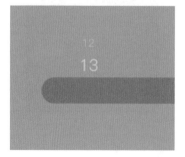

图2-214

10 使用相同的方法完成相似内容的制作，如图 2-215 所示。单击工具箱中的"圆角矩形工具"按钮，绘制"填充"颜色为无、描边为白色、像素为 4、半径为 100 像素的圆角矩形，如图 2-216 所示。

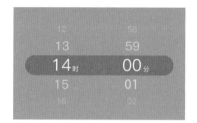

图2-215

图2-216

11 打开"字符"面板，设置各项参数值，如图 2-217 所示。使用"横排文字工具"在画布中输入文字，图形效果如图 2-218 所示。

图2-217

图2-218

12 最终完成界面的制作，"图层"面板如图 2-219 所示。最终图像效果如图 2-220 所示。

图2-219　　　　　图2-220

2.5.3　分段控件

分段控件像一条被分割成多段的按钮，并且每一段按钮都可以激活一种视图方式。它们可以被附着在许多不同类型的对象之上，让开发者可以在窗口中添加额外的功能。分段控件中的每个按钮被称为一个段。其至少包含两个分段，可以用于筛选内容或为整理的分类内容创建标签。图 2-221 所示为 iOS 的分段控件。

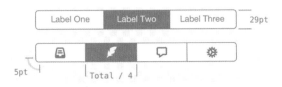

图2-221

在设计分段控件时需要注意以下几点。

- 每段容易挖掘。每段的段数要限制一个适当的尺寸（ 44 x 44 点）。在 iPhone 上，分段控制应该有五个或更少的段。
- 如果要在一个定制的分段控制调整内容定位，那么必须保证自定义分段控制的背景外观在内容居中时看起来还是不错的。

- 尽可能使每段的内容大小一致。因为所有的段，分段控制宽度相等，如果内容不一致，整体界面看起来效果并不好。
- 避免混合文本和图像在一个单一的分段控制里，分段控件可以包含文本或图像。一个单独的部分也可以包含文字或图像，但一般来说，最好避免把文本和图像分在一个单一的分段控件里。
- 每个分段可以包含一个文本或一个图标，但不能同时有文本和图标。另外，也不推荐在一个分段控件里文本和图标混合出现。一个分段的宽度会基于分段的数量自动改变（两个分段，各占总控件宽度 50%；5 个分段则各占 20% ）。

案例　制作分段控件

案例分析：本案例主要介绍分段控件的制作方法，制作方法非常简单，其中的元素是由矩形和圆角矩形组成的，但在制作过程中需要注意图片的排列整齐以及对图层样式的设置，其最终效果如图 2-222 所示。关于案例的效果，读者可以通过扫描二维码查看，如图 2-223 所示。

色彩分析：以橙色作为背景，文本在选中状态时呈现浅粉色，增强了控件的可辨识度，简单大方而明亮。

图2-222　　　　　图2-223

使用的技术	矩形工具、直线工具、圆角矩形工具
规格尺寸	750×1 334（像素）
视频地址	视频\第 2 章\2-5-3.mp4
源文件地址	源文件\第 2 章\2-5-3.psd

01 执行"文件 > 新建"命令，新建一个空白文档，如图 2-224 所示。单击工具箱中的"矩形工具"按钮，绘制"填充"颜色为 RGB（231、76、60）的矩形，如图 2-225 所示。

图2-224

图2-225

02 单击"图层"面板底部的"添加图层样式"按钮，在弹出的"图层样式"对话框中选择"投影"选项，设置如图 2-226 所示的参数。执行"文件 > 打开"命令，打开素材"素材\第2 章\25301.png"，将相应的图片拖入画布中，

如图 2-227 所示。

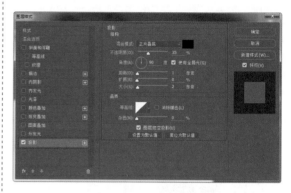

图2-226

图2-227

03 单击工具箱中的"直线工具"按钮，绘制"填充"颜色为白色、粗细为 4 像素的直线，如图 2-228 所示。使用相同的方法，按住 Shift 键完成其他形状的绘制，如图 2-229 所示。

图2-228

图2-229

04 打开"字符"面板,设置各项参数值,如图 2-230 所示。使用"横排文字工具"在画布中输入文字,其图形效果如图 2-231 所示。

图2-230

图2-231

05 单击工具箱中的"圆角矩形工具"按钮,绘制"填充"颜色为无、"描边"为RGB(238、144、134)的圆角矩形,如图 2-232 所示。单击工具箱中的"直线工具"按钮,在画布中绘制"填充"颜色为RGB(238、144、134)、粗细为2像素的直线,如图 2-233 所示。

图2-232

图2-233

06 使用"圆角矩形工具",在画布中绘制矩形,使用"删除锚点工具"将多余的锚点删除,如图 2-234 所示。使用"转换点工具"将相应的锚点进行转换,最终图像效果如图 2-235 所示。

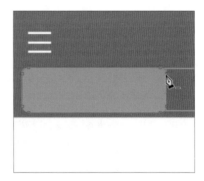

图2-234

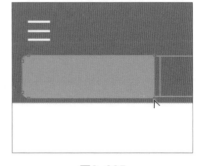

图2-235

07 打开"字符"面板,设置各项参数值,如图 2-236 所示。使用"横排文字工具"在画布中输入文字,其图形效果如图 2-237 所示。

图2-236

图2-237

08 使用相同的方法完成其他文本的制作，如图 2-238 所示。单击工具箱中的"矩形工具"按钮，绘制"填充"颜色为 RGB（242、242、242）的矩形，如图 2-239 所示。

图2-238

图2-239

09 使用相同的方法完成相似内容的制作，如

图 2-240 所示。单击"图层"面板底部的"添加图层样式"按钮，在弹出的"图层样式"对话框中选择"描边"选项，设置如图 2-241 所示的参数。

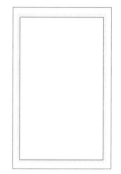

图2-240

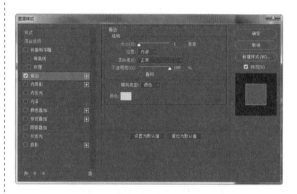

图2-241

10 执行"文件＞打开"命令，打开素材"素材\第 2 章\25301.jpg"，将相应的图片拖入画布中，如图 2-242 所示。单击鼠标右键，在弹出的快捷菜单中选择"创建剪贴蒙版"选项，其图像效果如图 2-243 所示。

图2-242　　　　　　图2-243

11 使用相同的方法，完成相似内容的制作，
并将相应的图层进行编组，其"图层"面板
如图 2-244 所示。最终图像效果如图 2-245
所示。

图2-244　　　　　图2-245

2.5.4　滚动条

滚动条是通过滑块在允许的范围内进行
调整值或进程，由于滑动十分流畅也无需其
余步骤就可以选择一个值，所以推荐滑块用
于选择一个估计值，而不是一个需要精确的
数值。比如，滑块控件可以很好地设置音量，
因为用户可以从音量上听出区别，同时可以
看到滑块上响和不响的区别，但如果是输入
一个数值来设置分贝值就十分不现实了，如
图 2-246 所示。

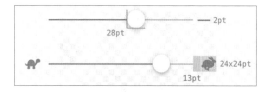

图2-246

- 外观和行为：滚动条由滑轨、滑块以及
  可选的图片组成，可选图片为用户传达
  左右两端各代表什么，滑块的值会在用
  户拖曳滑块时连续变化。
- 指南：用户通过滚动条可以精准地控制
  值，或操控当前的进度。制作时，也可
  以在合适的情况下考虑自定义外观。
- 水平或者竖直地放置。
- 自定义宽度，以适应程序。
- 定义滑块的外观，以便用户迅速区分滑
  块是否可用。
- 通过在滑轨两端添加自定义的图片，让
  用户了解滑轨的用途。
- 左右两端的图片表示最大值和最小值。
  例如，制作一个用来控制铃声声音大小
  的滚动条，可以在左侧放一个小的听筒，
  在右侧放一个大的听筒。
- 滑块在各个位置、控件的各种状态定制
  不同导轨的外观。

案例　制作滚动条

案例分析：本案例主要介绍滚动条的制
作方法，其界面元素都是由几何图形组成的，
但需要注意的是对图层样式的设置，此外，
制作白色的喇叭图形对钢笔工具的操作技巧
略有要求，其最终效果如图 2-247 所示。关
于案例的效果，读者可以通过扫描二维码查
看，如图 2-248 所示。

色彩分析：以图片作为背景，界面中元素
由白色搭配橙色组成，显得大方简单而明了。

图2-247

图2-248

使用的技术	矩形工具、椭圆工具、钢笔工具、圆角矩形工具
规格尺寸	1 334×750（像素）
视频地址	视频\第 2 章\2-5-4.mp4
源文件地址	源文件\第 2 章\2-5-4.psd

01 执行"文件 > 新建"命令，新建一个的空白文档，如图 2-249 所示。执行"文件 > 打开"命令，打开素材"素材\第 2 章\25401.png"，将相应的图片拖入画布中，如图 2-250 所示。

图2-249

图2-250

02 单击工具箱中的"矩形工具"按钮，绘制"填充"颜色为白色的矩形，并在"图层"面板中设置"不透明度"为 47%，如图 2-251 所示。单击"图层"面板底部的"添加图层样式"按钮，在弹出的"图层样式"对话框中选择"颜色叠加"选项，设置如图 2-252 所示的参数。

图2-251

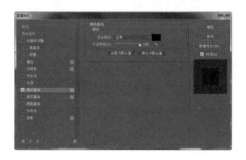

图2-252

03 执行"文件 > 打开"命令，打开素材"素材\第 2 章\25402.png"，将相应的图片拖入画布中，如图 2-253 所示。使用相同的方法完成相似图形的制作，如图 2-254 所示。

图2-253

图2-254

04 单击工具箱中的"多边形工具"按钮,绘制"填充"颜色为 RGB(240、87、78)、边数为 3 的三角形,如图 2-255 所示。使用相同的方法完成相似图形的制作,如图 2-256 所示。

图2-255

图2-256

05 单击工具箱中的"圆角矩形工具"按钮,绘制"填充"颜色为 RGB(241、87、79)、半径为 100 像素的圆角矩形,并在"图层"面板中设置"不透明度"为 65%,如图 2-257 所示。使用相同的方法完成相似内容的制作,如图 2-258 所示。

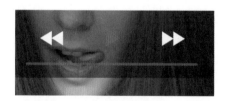

图2-257

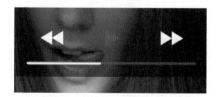

图2-258

06 单击工具箱中的"椭圆工具"按钮,在画布中绘制"填充"颜色为白色的正圆,如图 2-259 所示。单击"图层"面板底部的"添加图层样式"按钮,在弹出的"图层样式"对话框中选择"外发光"选项,设置如图 2-260 所示的参数。

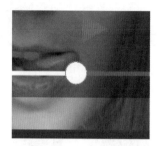

图2-259

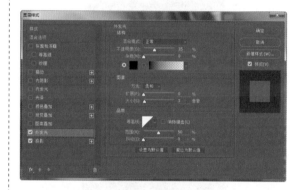

图2-260

> **提 示**
>
> 用户也可使用"图层>图层样式"菜单下的各个选项,为图层添加图层样式,还可双击该图层缩览图,打开"图层样式"对话框,为图层添加图层样式。

07 选择"投影"选项,设置如图 2-261 所示的参数。单击工具箱中的"钢笔工具"按钮,选择模式为"形状",在画布中绘制形状,如图 2-262 所示。

> **提 示**
>
> 当"工具模式"为"形状"时,绘制出的图像为矢量图,将形状无限放大都不会模糊;而将"工具模式"设置为"像素"时,绘制的图像为位图图像,将其放大或缩小就会导致图像模糊不清楚。

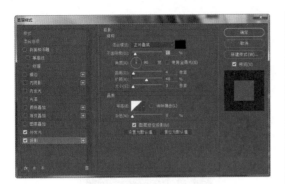

图2-261

图2-262

08 在"图层"面板中设置"不透明度"为65%，其形状效果如图 2-263 所示。使用相同的方法完成相似图形的制作，如图 2-264 所示。

图2-263

图2-264

09 将相应的图层进行编组，其"图层"面板如图 2-265 所示。最终图像效果如图 2-266 所示。

图2-265

图2-266

2.5.5　步进器

步进器应用在用户需要在一个允许范围里输入一个精确值的情况（如 1 至 10）。一个步进器需要包含两个分段按钮：一个用于减少当前值，另一个用于增加，如图 2-267 所示。

图2-267

在视觉上，步进器能够进行高度自定义，其方法有以下几种。

- 可以为每个步进按钮设置自定义的按钮。
- 在保留原生 iOS 外观的同时，可以自定义其边界的颜色、背景以及浅色的按钮，其会自动设置到每个元素里。

• 如果需要进一步自定义，分段按钮以及分隔符完全可以使用自定义的背景图。

2.5.6 开关

开关允许用户快速切换两种可用状态，分别为打开和关闭。这也就是 iOS 应用上的"复选框"，只不过以开关的形式表现。开关控件可以自定义打开和关闭状态的颜色，但开关切换按钮的样式和尺寸不能设置修改，如图 2-268 所示。

图2-268

2.5.7 页码指示器

页码指示器用来显示和控制页面的当前状态，有显示共有多少页视图和当前展示的是第几页的功能，如图 2-269 所示。

图2-269

• 行为：一个圆点展示每一页视图的页码指示器，圆点的顺序与视图的顺序是一致的，而发光的圆点就是当前打开的视图。

用户按下发光点左边或右边的点，就可以浏览前一页或后一页。

每个圆点的间距是不可压缩的，竖屏视图模式下最多可以容纳 20 个点。即使放置了更多的点，多余的点也会被裁切掉。

• 指南：使用页码指示器可以展示一系列同级别的视图。

页码指示器不能帮助用户记录步骤和路径，如果要展示的视图间存在层级关系，就不需要再使用页码指示器了。

页码指示器通常水平居中放置在屏幕底部，这样即使将其总摆在外面也不会碍眼。不要展示过多的点。

在 iPad 上，应该考虑在同一屏幕上展示所有内容。iPad 的大屏幕不适宜展示平级的视图，所以对页码指示器的依赖也比较小。

案例 制作页码指示器

案例分析：本案例主要介绍页码指示器的制作方法，要求对椭圆工具熟练使用，重点是通过不同颜色的椭圆显示当前页，其最终效果如图 2-270 所示。关于案例的效果，读者可以通过扫描二维码查看，如图 2-271 所示。

色彩分析：以不透明的图片作为背景，搭配灰色的文字以及黄色的页码指示器，整个界面呈现干净整洁而明了的效果。

图2-270

图2-271

使用的技术	矩形工具、椭圆工具、圆角矩形工具
规格尺寸	750×1 334（像素）
视频地址	视频\第 2 章\2-5-7.mp4
源文件地址	源文件\第 2 章\2-5-7.psd

01 执行"文件 > 新建"命令，新建一个空白文档，如图 2-272 所示。执行"文件 > 打开"命令，打开素材"素材\第 2 章\25701.jpg"，将相应的图片拖入画布中，如图 2-273 所示。

图2-272

图2-273

02 单击工具箱中的"矩形工具"按钮，绘制"填充"颜色为黑色的矩形，如图 2-274 所示。在"图层"面板中设置不透明度为 60%，如图 2-275 所示。

图2-274　　　　　图2-275

03 单击工具箱中的"圆角矩形工具"按钮，绘制"填充"颜色为白色、半径为 10 像素的圆角矩形，如图 2-276 所示。单击"图层"面板底部的"添加图层样式"按钮，在弹出的"图层样式"对话框中选择"渐变叠加"选项，设置如图 2-277 所示的参数。

图2-276

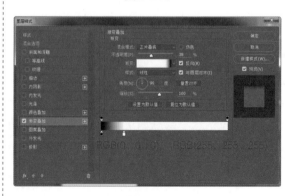

图2-277

04 单击工具箱中的"矩形工具"按钮,绘制"填充"颜色为 RGB(51、51、51)的矩形,如图 2-278 所示。单击鼠标右键,在弹出的快捷菜单中选择"创建剪贴蒙版"选项,如图 2-279 所示。

图2-278

图2-279

05 执行"文件 > 打开"命令,打开素材"素材\第 2 章\25702. png",将相应的图片拖入画布中,并创建剪贴蒙版,如图 2-280 所示。单击工具箱中的"矩形工具"按钮,绘制"填充"颜色为白色的矩形,如图 2-281 所示。

图2-280

图2-281

06 使用组合键 Ctrl+T,将图形旋转 45°,如图 2-282 所示。使用相同的方法完成相似图形的绘制,并将相应的图层进行合并,如图 2-283 所示。

图2-282

图2-283

07 打开"字符"面板,设置各项参数值,如图 2-284 所示。使用"横排文字工具"在画布中输入文字,图形效果如图 2-285 所示。

图2-284

心灵之旅

图2-285

93

08 使用相同的方法完成其他文本的制作，如图 2-286 所示。单击工具箱中的"椭圆工具"按钮，绘制"填充"颜色为 RGB（186、186、186）的正圆，如图 2-287 所示。

图2-286　　　　　图2-287

09 复制"椭圆 1"得到"椭圆 1 拷贝"图层，单击"图层"面板底部的"添加图层样式"按钮，在弹出的"图层样式"对话框中选择"颜色叠加"选项，设置如图 2-288 所示的参数。其图形效果如图 2-289 所示。

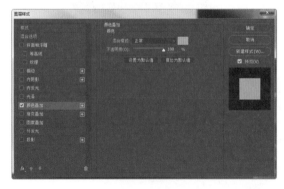

图2-288

图2-289

10 使用相同的方法完成相似图形的制作，如图 2-290 所示。最终图像效果如图 2-291 所示。

图2-290

图2-291

2.5.8　按钮

按钮在所有最常用的控件中是最经典好用的控件之一。一个按钮可以有多种状态，分别为默认（Default）、高亮（Highlighted）、选定（Selected）和不可用（Disabled）四种。

2.5.9　文本框

在 App 界面中，文本框是提供文本的载体，而文字就是不会说话的设备的嘴巴，文字的表达则是清楚地指定这些设备要表达的信息。

文本框是一种常见的单行读写文本视图，简单地说就是输入控件，比如一种登录界面要求用户输入用户名和密码等，如图 2-292 所示。

图2-292

- 外观和行为。文本框有固定的高度。用户单击文本框后，键盘就会出现，输入的字符会在用户按下回车键后按照程序预设的方式处理。
- 指南。用户使用文本框能获得少量信息。用户在使用文本框前先要确定是否有别的控件可以让输入变得简单。
- 可以通过自定义文本框帮助用户理解如何使用文本框。例如，将定制的图片放在文本框某一侧，或者添加系统提供的按钮（比如书签按钮）。可以将提示放在文本框左半部，把附加的功能放在右半部。
- 在文本框的右端放置清空按钮。
- 显示文本提示字段，用来帮助用户理解它的目的。

案例　制作登录界面

案例分析：本案例主要介绍文本框以及登录按钮的制作方法，它的外观风格是不透明的渐变蓝色。本案例的界面元素较多，在制作过程中要注意界面中各个元素的绘制，以及对图层不透明度的设置。其最终效果如图 2-293 所示。关于案例的效果，读者可以通过扫描二维码查看，如图 2-294 所示。

色彩分析：以不透明的图片作为背景，以蓝色作为辅色，搭配白色的文本框，与下方的白色文字相呼应，使得界面呈现清楚而和谐的效果。

图2-293　　　　　　图2-294

使用的技术	矩形工具、椭圆工具、钢笔工具
规格尺寸	750×1 334（像素）
视频地址	视频\第 2 章\2-5-9.mp4
源文件地址	源文件\第 2 章\2-5-9.psd

01 执行"文件 > 打开"命令，打开素材"素材\第 2 章\25901.jpg"，如图 2-295 所示。新建图层，将画布填充为黑色，并在"图层"面板中设置不透明度为 30%，如图 2-296 所示。

图2-295　　　　　图2-296

02 执行"文件 > 打开"命令，打开素材"素材\第 2 章\25902.png"，将相应的图片拖入画布中，如图 2-297 所示。单击工具箱中的"椭圆工具"按钮，在画布中绘制"填充"颜色为 RGB（85、111、181）、描边为白色的正圆，如图 2-298 所示。

图2-297

图2-298

03 单击工具箱中的"矩形工具"按钮，在画布中绘制"填充"颜色为 RGB（20、146、254）的矩形，并在"图层"面板中设置不透明度为 73%，如图 2-299 所示。单击工具箱中的"矩形选框工具"按钮，在画布中创建选区，如图 2-300 所示。

图2-299

图2-300

04 新建图层，单击工具箱中的"渐变工具"按钮，填充 RGB（8、88、151）到 RGB（123、163、204）的径向渐变，如图 2-301 所示。在"图层"面板中设置不透明度为 80%，并创建剪贴蒙版，如图 2-302 所示。

图2-301

图2-302

05 单击工具箱中的"圆角矩形工具"按钮，在画布中绘制"填充"颜色为白色、半径为30像素的圆角矩形，如图2-303所示。单击工具箱中的"钢笔工具"按钮，设置模式为"形状"，"填充"为RGB（224、224、224）的形状，如图2-304所示。

图2-303

图2-304

06 打开"字符"面板，设置各项参数值，如图2-305所示。使用"横排文字工具"在画布中输入文字，其图形效果如图2-306所示。

图2-305

图2-306

07 使用相同的方法完成相似图形的制作，如图2-307所示。单击工具箱中的"圆角矩形工具"按钮，在画布中绘制"填充"颜色为RGB（0、136、255）的圆角矩形，如图2-308所示。

图2-307

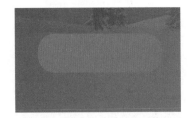

图2-308

08 打开"字符"面板，设置各项参数值，如图2-309所示。使用"横排文字工具"在画布中输入文字，其图形效果如图2-310所示。

图2-309

图2-310

09 单击工具箱中的"椭圆工具"按钮，在画布中绘制"填充"颜色为白色的正圆，如图2-311所示。使用相同的方法完成相似图形的制作，如图 2-312 所示。

图2-311

图2-312

提示

在制作该步骤时，可通过复制椭圆，使用组合键Ctrl+T对图像进行缩放，可以按住Shift+Alt组合键的同时用鼠标拖动方框4个拐角的控制柄，使图形能够沿着中心点向四周等比例缩放，然后再修改其填充颜色。

10 将相应的图层进行编组，"图层"面板如图 2-313 所示。最终图像效果如图 2-314所示。

图2-313

图2-314

2.5.10　进度条

进度指示器向用户展示能够预测完成度（时间、量）的任务或过程的完成情况，如图 2-315 所示。

图2-315

案例 制作进度指示条

案例分析：本案例主要介绍进度条的制作方法，在界面中主要以红色的圆角矩形代表任务的完成进度。除此之外，界面中都是由基本的形状组合而成的。考虑到界面的美观性，在制作时要注意界面中各个元素的大小以及对齐问题。其最终效果如图 2-316 所示。关于案例的效果，读者可以通过扫描二维码查看，如图 2-317 所示。

色彩分析：以蓝色为主色，以红色为辅色，搭配白色的文字，整个界面更加充满活力。

图2-316

图2-317

使用的技术	圆角矩形工具、椭圆工具、文本工具、画笔工具
规格尺寸	750×1 334（像素）
视频地址	视频\第 2 章\2-5-10.mp4
源文件地址	源文件\第 2 章\2-5-10.psd

01 执行"文件 > 新建"命令，新建一个 750 × 1 334 像素的空白文档，如图 2-318 所示。单击工具箱中的"矩形工具"按钮，在画布中绘制"填充"颜色为 RGB（153、242、250）的矩形，如图 2-319 所示。

图2-318

图2-319

02 单击"图层"面板底部的"添加图层样式"按钮，在弹出的"图层样式"对话框中选择"渐变叠加"选项，设置如图 2-320 所示的参数。执行"文件 > 打开"命令，打开素材图像"素材\第 2 章\251001.png"，将相应的图片拖入画布中，如图 2-321 所示。

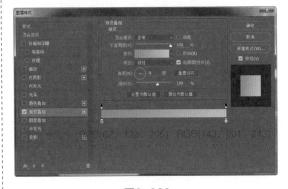

图2-320

图2-321

03 单击工具箱中的"椭圆工具"按钮，设置"填充"为无，描边为白色，在画布中绘制椭圆，如图 2-322 所示。复制该图层，使用组合键 Ctrl+T 将其等比例缩小，如图 2-323 所示。

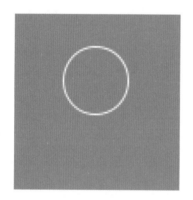

图2-322

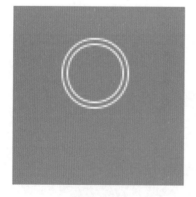

图2-323

04 单击工具箱中的"自定义工具"按钮，选择相应的形状，在画布中绘制图形，如

图 2-324 所示。打开"字符"面板，设置各项参数值，如图 2-325 所示。

图2-324

图2-325

05 使用"横排文字工具"在画布中输入文字，如图 2-326 所示。使用相同的方法完成显示图形的制作，如图 2-327 所示。

图2-326

图2-327

06 单击工具箱中的"矩形工具"按钮，在画布中绘制填充为白色的图形，如图 2-328 所示。在"图层"面板中设置不透明度为 20%，如图 2-329 所示。

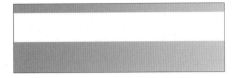

图2-328

图2-329

07 单击工具箱中的"圆角矩形工具"按钮，在画布中绘制填充为白色、半径为 50 像素的圆角矩形，如图 2-330 所示。使用相同的方法在画布中绘制填充 RGB（255、113、113）的圆角矩形，如图 2-331 所示。

图2-330

图2-331

08 使用文本工具在画布中创建相应的文字，如图 2-332 所示。单击工具箱中的"椭圆工具"按钮，在画布中绘制填充 RGB（15、49、90）的正圆，并在"图层"面板中设置不透明度为 20%，如图 2-333 所示。

图2-332

图2-333

09 单击工具箱中的"多边形工具"按钮，设置相应的属性，如图 2-334 所示。在画布中绘制星形，如图 2-335 所示。

图2-334　　　　　　　图2-335

10 单击"图层"面板底部的"添加图层样式"按钮，在弹出的"图层样式"对话框中选择"描边"选项，设置如图 2-336 所示的参数。使用文本工具在画布中创建相应的文字，如图 2-337 所示。

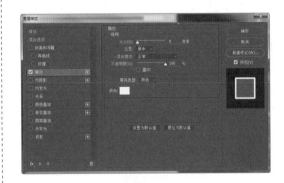

图2-336

图2-337

11 单击工具箱中的"椭圆工具"按钮，在画布中绘制填充 RGB（52、94、145）的正圆，如图 2-338 所示。使用相同的方法完成相似图形的制作，如图 2-339 所示。

图2-338

图2-339

12 单击工具箱中的"直线工具"按钮，在画布中绘制填充 RGB（52、94、145）的直线，如图 2-340 所示。单击"图层"面板底部的"添加图层样式"按钮，在弹出的"图层样式"对话框中选择"投影"选项，设置如图 2-341 所示的参数。

图2-340

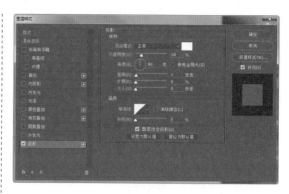

图2-341

13 单击工具箱中的"圆角矩形工具"按钮，在画布中绘制填充 RGB（89、143、197）、半径为20像素的圆角矩形，如图 2-342 所示。单击"图层"面板底部的"添加图层样式"按钮，在弹出的"图层样式"对话框中选择"描边"选项，设置如图 2-343 所示的参数。

图2-342

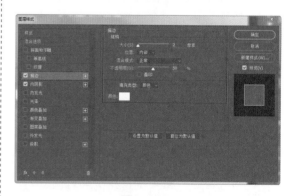

图2-343

14 选择"内阴影"选项，设置如图 2-344 所示的参数。单击工具箱中的"圆角矩形工具"按钮，设置模式为路径，在画布中创建圆角矩形，如图 2-345 所示。

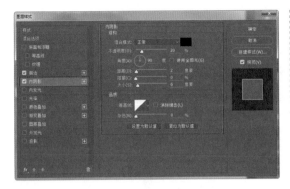

图2-344

图2-345

15 设置"前景色"为白色,使用"画笔工具",选择合适的笔触,如图2-346所示。在"路径"面板中单击"用画笔描边"按钮,完成对路径的描边操作,如图2-347所示。

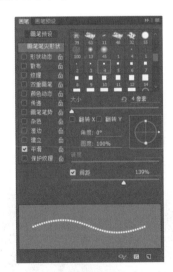

图2-346

图2-347

16 使用组合键 Ctrl+Enter 转换为选区,调整前景色为 RGB(89、143、197),如图 2-348所示。使用"文本工具"在画布中创建文本,如图 2-349 所示。

图2-348

图2-349

> **提 示**
>
> 当路径转化为选区时,如果不需要羽化选区,可以直接使用组合键Ctrl+Enter。当需要羽化选区时,可以单击鼠标右键,使用快捷菜单中的"建立选区"命令。

17 最终"图层"面板如图 2-350 所示。最终图像效果如图 2-351 所示。

图2-350

图2-351

2.6 专家支招

iOS 界面风格并不是一成不变的，随着软件和硬件的发展和 iOS 功能的日益完善，其界面风格也随之发生变化。接下来简单介绍最新的 iOS 11 相对 iOS 10 在界面上的改进之处。

2.6.1 尺寸更大

iOS 11 中的导航栏的高度增加，同时标题字号也加大。iOS 10 中导航条的高度是 64pt，iOS 11 则变为 116pt。标题的字号也由 iOS 10 的 16pt 变为 32pt，增加了一倍。而单行列表上的文字字号则变小了。整个页面留白增加，对比明显，给用户更加舒适的感觉，如图 2-352 所示。

图2-353

2.6.2 更圆

iOS 11 中圆角的应用更多，除了通知和操作框等界面中使用大量圆角效果外，计算器界面也变成了圆形，如图 2-354 所示。为了使整个页面视觉效果高度统一，页面中的所有按钮也都改为了圆角。

图2-352

iOS 11 搜索界面中字体变大的效果更加明显，相应的行间距也发生了变化。同时 iOS 11 中的数字的颜色被加深，线框的圆形也被改成了填充色的圆形，加粗的字体使页面效果层次更加分明，如图 2-353 所示。

图2-354

2.6.3 交互效果

iOS 11 中很多交互细节也做了微调整，用起来更加流畅。例如左滑删除这个操作，iOS 10 中左滑删除有两个手势：手指左滑 + 点击删除按钮；iOS 11 中则优化成为一个手势，一直往左滑即可实现删除。

2.7 总结扩展

通过本章的学习，读者要懂得举一反三地设计 App 界面，在以后的设计过程中要多加练习和制作。希望下面的本章小结和举一反三能够给用户提供一定的帮助。

2.7.1 本章小结

本章主要介绍了 iOS 界面设计的相关规则和知识，以及关于 iOS App 图标制作的知识、iOS 常用界面元素以及界面控件的制作方法。只有熟练掌握界面元素的制作，才能设计出基于 iOS 系统更多出色的第三方手机 App 界面。

2.7.2 举一反三——制作音乐播放器界面

案例分析：本案例主要介绍音乐播放器界面，其界面风格以简约为主，采用扁平化的设计风格。在制作时要耐心地对图层样式进行控制，以及注意页面中各个元素按钮的绘制，才能得到美观而又标准的形状。关于案例的效果，读者可以通过扫描右侧二维码查看。

色彩分析：界面中以模糊半透明的图片作为背景，搭配白色的按钮及文字，使得整个界面显得神秘而具有艺术感。

教学视频：视频 \ 第 2 章 \2-7.mp4　　源文件：源文件 \ 第 2 章 \2-7.psd

01. 新建文档，导入相应的素材，并设置高斯模糊效果。

02. 新建图层，使用文本工具输入相应的文字。

03. 新建图层，使用形状工具完成按钮的绘制。	*04*. 使用相同的方法完成相似图形的绘制。

Android App系统应用

随着Android平台的不断发展，其应用界面逐渐形成了一套统一的规则界面。在设计界面时，不管是从交互层面还是视觉层面，还要认真考虑设计平台的问题，在保证设计原则的基础上加入自己的思维，创造出别具一格的App界面。

3.1 Android UI 设计基础

很多开发者都想把自己的 App 发布到不同的平台上，以便更多的用户可以下载使用。如果你正在准备着手开发一款应用于 Android 平台上的 App，那么要记住，不同的平台有不同的规则。在一个平台上看似完美的做法未必同样适用于其他的平台。

3.1.1 Android UI 的设计特色

在设计 Android 界面之前，首先要了解 Android UI 的设计特色，在整个设计过程中应当考虑将这些准则应用在自己的创意和设计思想中。除非有别的目的，否则尽量不要偏离。

漂亮的界面

无论 UI 界面设计如何发展，美观始终是吸引用户的首要条件。在 Android App 设计中，可以通过以下几点来实现。

- 惊喜：漂亮的界面、精心设计的动画或悦耳的音效都能带来愉快的体验。精工细作有助于提高易用性和增强掌控强大功能的感觉，如图 3-1 所示。
- 真实的对象比菜单和按钮更有趣：让人们直接触摸和操控应用中的对象。这样可以降低完成任务时的认知难度，并且使得操作更加人性化，如图 3-2 所示。

- 展现个性：人们喜欢个性化，因为这样可以使他们感到自在和有掌控力。提供一个合理而漂亮的默认样式，同时在不喧宾夺主的前提下尽可能提供有趣的个性化功能。

更加简单便捷的操作

由于现在手机发展速度迅猛，手机的功能性也在逐渐强大，那么便捷的操作就显得越来越重要。为了使用户更快地适应手机操作，需要通过以下几点来简化界面。

- 了解用户：逐渐认识人们的偏好，而不是询问并让他们一遍又一遍地做出相同的选择。将之前的选择放在明显的地方。
- 保持简捷：使用简捷的短句。人们总是会忽略冗长的句子，如图 3-3 所示。
- 展示用户所需：人们在同时看到许多选择时就会手足无措。分解任务和信息，使它们更容易理解。将当前不重要的选项隐藏起来，并让人们慢慢学习，如图 3-4 所示。

图3-1　　　　　　　图3-2

图3-3　　　　　　　图3-4

- 让用户了解现在在哪儿：让人们有信心

了解现在的位置，使应用中的每个页面看起来都有些不同，同时使用一些切换动画体现页面之间的关系。进行耗时的任务时提供必要的反馈，如图3-5所示。

图3-5　　　　　　图3-6

- 一图胜千言：尽量使用图片去解释想法。图片可以吸引人们注意且更容易理解，如图 3-6 所示。
- 实时帮助用户：首先尝试猜测并做出决定，而不是询问用户。太多的选择和决定使人们感到不爽。但是万一猜错了，允许"撤销"操作。
- 不弄丢用户信息：确保用户创造的内容被良好地保存起来，并可以随时随地获取。记住设置和个性化信息，并在手机、平板和电脑间同步。确保应用升级不会带来任何不良的副作用。
- 只在重要时刻打断用户：就像一个好的个人助理，帮助人们摆脱不重要的事情。人们需要专心致志，只在遇到紧急或者具有时效性的事情时打断他们。

更加完善的工作流程

　　工作流程简单，操作便捷可以使用户花费在学习使用新软件的时间变短，同时，获取用户所需的信息时间也越短，主要有以下几种方法。

- 提醒用户小技巧：当人们自己弄明白事情的时候，会感觉很好。通过使用其他 Android 应用已有的视觉模式和通用的方法，让应用容易学习，如图 3-7 所示。
- 委婉提示错误：当提示人们做出改正时，要保持和蔼和耐心，如图 3-8 所示。人们在使用应用时希望觉得自己很聪明。如果哪里错了，提示清晰的恢复方法，但不要让他们去处理技术上的细节。如果能够悄悄地搞定问题，那最好不过了。

图3-7　　　　　　图3-8

- 帮助用户完成复杂的事：帮助新手完成"不可能的任务"，让用户有专家的感觉。例如，通过几个步骤就能将几种照片特效结合起来，摄影新手也能创作出出色的照片。
- 简捷操作：不是所有的操作都一样重要。先决定好应用中最重要的功能是什么，并且使它容易使用、反应迅速。例如，相机的快门和音乐播放器的暂停按钮。

3.1.2　设备与显示

　　Android 驱动了数百万计的手机、平板和其他设备。由于 Android 的开源性，所以应用于 Android 系统的设备尺寸众多，其中包括各种不同的屏幕尺寸和比例。利用 Android 灵活的布局系统，可以创造出在各种设备上看起来都很优雅的应用，包括灵活、优化布局和适用于各种设备的优点，如图 3-9 所示。

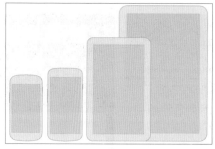

图3-9

- 灵活。对应用布局进行放大、缩小或者裁减，以适应不同的高度和宽度。
- 优化布局。较大的设备上，利用大屏幕的优势。通过定制视图显示更多的内容，提供更便利的导航。
- 适用于各种设备。为不同的像素密度（DPI）提供资源，使应用在各种设备上都看起来很棒。图 3-10 所示为不同尺寸的图标大小。

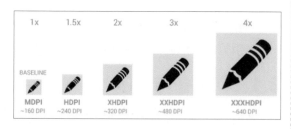

图3-10

3.1.3 主题鲜明

对 Android 应用来说，主题是 Android 应用保持统一风格的机制。其风格样式定义了各种构建用户界面所需要的视觉元素，包括颜色、高度、边界填充和字体大小。为了提升各种应用的统一性，Android 为你的应用提供了两种系统主题，分别为浅色主题和深色主题。将这些主体应用于设计中，将会使应用更好地和 Android 设计语言融合起来，如图 3-11 所示。

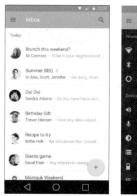

图3-11

> **提 示**
>
> 为应用选择一款适合其功能和设计美学的系统主题是一个良好的开端。如果希望让应用看起来更加与众不同，不妨从某一款系统主题开始打造自己的设计。系统主题为实现个性化的视觉效果提供了坚实的基础。

3.1.4 触摸反馈

使用颜色和光晕效果来反馈触摸，强调手势的效果以及表明哪些操作是可用的。

用优雅的方式进行触摸反馈。任何时候，用户触摸应用中的可操作区域，都应当给予视觉上的响应。微小的反馈就能取得良好的效果。

更好地融合自我标识，因为无论与何种色调配合，默认的触摸反馈都能很好地工作。

- 状态。大多数 Android UI 元素都有内置的触摸反馈效果，包括可以表明元素是否可以操作的视觉效果，如图 3-12 所示。

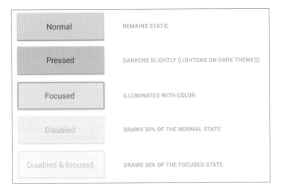

图3-12

- 交流。当控件需要对复杂的手势作出响应时，它应当能够帮助用户了解该操作的结果。在"最近的应用"中，当用户开始左右滑动缩略图的时候，它会变得暗淡。这样做使得用户明白滑动可以移除该应用，如图 3-13 所示。

图3-13

- 边界。当用户试图将可滑动的区域滑动出上下边界时，应当在边界提供视觉的反馈。许多 Android 的可滑动控件（如列表 lists 和网格列表 grid lists）都已经内置了边界反馈。如果需要使用自定义控件，切记要提供边界反馈，如图 3-14 所示。

图3-14

3.1.5 度量单位和网格

设备之间除了屏幕尺寸不同，屏幕的像素密度（DPI）也不尽相同。为了简化为不同的屏幕设计应用的复杂度，可以将不同的设备按照大小和像素密度分类。按设备大小分类的两个类别分别是手持设备（小于600 dp）和平板（大于等于600 dp）。按像素密度分类的类别有 LDPI、MDPI、HDPI 和 XHDPI。为不同的设备优化你的应用界面，为不同的像素密度提供不同的位图。

- 为了空间而考虑。不同的设备可显示的 dp 数量也不相同。

在Android系统中，单位DP也就是DIP（Device Independent Pixels，设备独立像素）。不同设备有不同的显示效果，这和设备硬件有关。一般为了支持WVGA、HVGA和QVGA，推荐使用这个，不依赖像素。

- 48 dp 的设计韵律。一般情况下，48 dp 在设备上的物理大小是 9 mm（会有一些变化）。这刚好在触摸控件推荐的大小范围（7 ~ 10 mm）内，而且这样的大小，用户用手指触摸起来也比较准确、容易。所以，可触摸控件以

48 dp 为基础单位，如图 3-15 所示。

图3-15

- 注意留白。界面元素之间的留白应当是 8 dp，如图 3-16 所示。

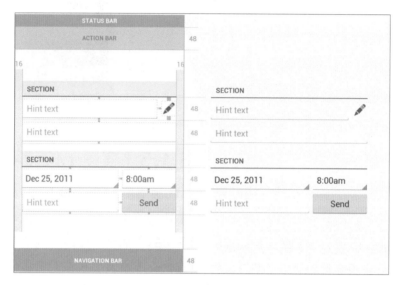

图3-16

3.1.6　字体

Android 的设计语言继承了许多传统排版设计概念，如比例、留白、韵律和网格对齐。这些概念的成功运用，使得用户能够快速理解屏幕上的信息。为了更好地支持这一设计语言，Android 7.0 Marshmallow 延续了曾经的 Roboto 字体家族，它专为界面渲染和高分辨率屏幕而设计，如图 3-17 所示。

思政案例

图3-17

3.1.7　Android 的写作风格

撰写应用相关文本时应保持简短、简明和友好，表达扼要。当为 App 创建语句时，应当注意以下几点。

- 简短。语句要简短，只告知用户最必要的信息，避免冗余的表述，要尽可能地缩短文本的长度，如图 3-18 所示。

图3-18

- 简明。尽量使用短词语、行为动词和简单名词。先说重要的事。一句话的开头两个词（一共大约 11 个字母，包括空格）应当表达出重要的信息，仅说明必要的信息，不要费力解释细枝末节，因为大部分用户不关心那些，如图 3-19 所示。

图3-19

- 友好。尽量使用缩写，在与用户进行交互时要使用第二人称和用户对话（"您"或"你"），还需保持随意且轻松的腔调，但避免使用俚语，如图 3-20 所示。

图3-20

113

如果 toast、标签或通知消息等控件中只包含一句话，无须使用句号作为结尾。如果包含两句或更多，则每一句都需以句号结尾。

3.1.8 色彩

在设计界面时，使用不同颜色是为了强调信息，但首先要选择适合你的设计颜色。在使用颜色的同时要注意红色和绿色对于色弱的人士来说可能无法分辨，如图 3-21 所示。

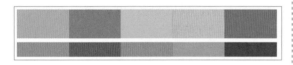

图3-21

在 Android 系统中，蓝色是标准颜色，并且每一种颜色都有相应的深色版本以供使用，如图 3-22 所示。

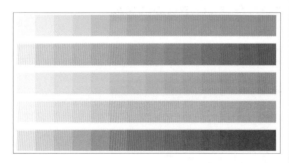

图3-22

- 强调色。鲜艳的强调色用于主要操作按钮以及组件，如开关或滑片。左对齐的部分图标或章节标题也可以使用强调色，如图 3-23 所示。

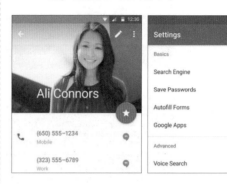

图3-23

- 备用强调色。当界面中的强调色相对于背景色太深或者太浅时，默认的做法是选择一个更浅或者更深的备用颜色。如果你的强调色无法正常显示，那么在白色背景上会使用饱和度为 500 的基础色。如果背景色就是饱和度为 500 的基础色，那么会使用 100% 的白色或者 54% 的黑色，如图 3-24 所示。

图3-24

3.2 Android 界面设计规范

在设计 Android 界面时，首先要对 Android 界面的元素有一定的了解和认识，才有助于方便进行标准的产品设计。

3.2.1　Android 界面图标的设计尺寸

由于 Android 系统涉及的手机种类非常多，所以屏幕尺寸很难统一。根据屏幕尺寸的不同，相应的界面元素尺寸如表 3-1 所示。

表 3-1

屏幕尺寸	启动图标	操作栏图标	上下文图标	系统通知图标	最细笔画
320 × 480 px	48 × 48 px	32 × 32 px	16 × 16 px	24 × 24 px	不小于 2 px
480 × 800 px 480 × 854 px 540 × 960 px	72 × 72 px	48 × 48 px	24 × 24 px	36 × 36 px	不小于 3 px
720 × 1 280 px	48 × 48 dp	32 × 32 dp	16 × 16 dp	24 × 24 dp	不小于 2 dp
1080 × 1 920 px	144 × 144 px	96 × 96 px	48 × 48 px	72 × 72 px	不小于 6 px

提　示

Android设计规范中，使用的单位是dp，dp在安卓机上不同的密度转换后的px是不一样的。

在设计图标时，对于五种主流的像素密度（MDPI、HDPI、XHDPI、XXHDPI 和 XXXHDPI）应按照 2：3：4：6：8 的比例进行缩放。例如，一个启动图标的尺寸为 48 × 48 dp，这表示在 MDPI 的屏幕上其实际尺寸应为 48 × 48 px，在 HDPI 的屏幕上其实际大小是 MDPI 的 1.5 倍（72 × 72 px），在 XHDPI 的屏幕上其实际大小是 MDPI 的 2 倍（96 × 96 px），依此类推。

提　示

虽然Android也支持低像素密度（LDPI）的屏幕，但无须为此费神，系统会自动将HDPI尺寸的图标缩小到1/2进行匹配。

案例　绘制 Android 浏览器图标

案例分析：本案例介绍 Android 浏览器图标的制作方法，它由不规则图形以及矩形组合而成，在制作过程中要注意对图层样式的设置以及形状的调整。最终效果如图 3-25 所示。关于案例的效果，读者可以通过扫描二维码查看，如图 3-26 所示。

色彩分析：图标以三种不同的色彩为主体，以灰色为辅色，搭配白色的文字，图标以色彩鲜明而不失美观的形象呈现出来。

图3-25

图3-26

使用的技术	钢笔工具、矩形工具、文本工具
规格尺寸	350 × 350（像素）
视频地址	视频 \ 第 3 章 \3-2-1.mp4
源文件地址	源文件 \ 第 3 章 \3-2-1.psd

01 执行"文件 > 新建"命令，设置"新建"对话框中各项参数，如图 3-27 所示。新建"图层 1"图层，单击工具箱中"钢笔工具"按钮，绘制如图 3-28 所示的图形。

02 将绘制的路径转化为选区，并填充 RGB（234、81、69），如图 3-29 所示。选择"图层 1"图层，单击"图层"面板底部的"添加图层样式"按钮，在弹出的"图层样式"对话框中选择"内阴影"选项，设置如图 3-30

所示的参数。

移动 UI 界面设计（微课版）

图3-27

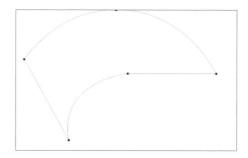

图3-28

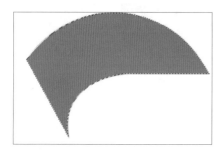

图3-29

图3-30

提 示

路径绘制完成后，按住组合键Ctrl+Enter即可将路径转化为选区，也可以单击鼠标右键，选择"建立选区"选项。

03 继续选择"渐变叠加"选项，设置如图3-31所示的参数。使用相同方法完成相似内容的制作，如图3-32所示。

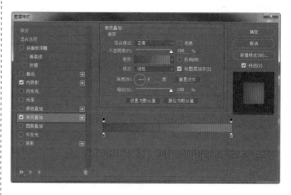

图3-31

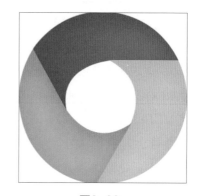

图3-32

提 示

对于普通像素图层和文字图层来说，双击图层缩览图就能打开"图层样式"对话框；而对于形状图层来说，则需要双击其缩览图后面的空白区域才能打开"图层样式"对话框。

04 新建"图层 2"图层，单击工具箱中"钢笔工具"按钮，绘制如图 3-33 所示的图形，并转化为选区。为选区填充 RGB（54、150、51），如图 3-34 所示。

116

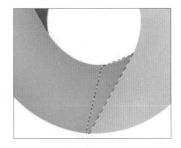

图3-33

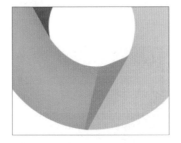

图3-34

05 使用相同方法完成相似内容的制作，如图 3-35 所示。新建"图层 3"图层，单击工具箱中的"椭圆工具"按钮，绘制如图 3-36 所示的白色正圆形。

图3-35

图3-36

06 单击"图层"面板底部的"添加图层样式"

按钮，在弹出的"图层样式"对话框中选择"渐变叠加"选项，设置如图 3-37 所示的参数。使用相同方法完成相似内容的制作，如图 3-38 所示。

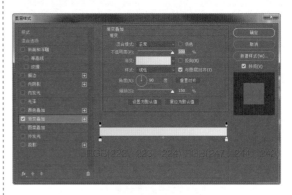

图3-37

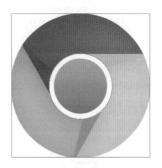

图3-38

07 单击工具箱中的"矩形工具"按钮，在画布中绘制填充 RGB（64、64、65）的矩形，如图 3-39 所示。单击"图层"面板底部的"添加图层样式"按钮，在弹出的"图层样式"对话框中选择"描边"选项，设置如图 3-40 所示的参数。

图3-39

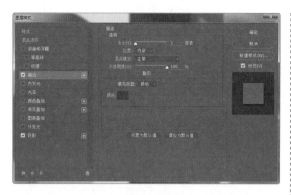

图3-40

08 选择"投影"选项，设置如图 3-41 所示的参数。单击工具箱中的"钢笔工具"按钮，在画布中绘制填充 RGB（30、30、30）的形状，如图 3-42 所示。

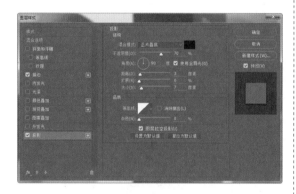

图3-41

图3-42

09 单击"图层"面板底部的"添加图层样式"按钮，在弹出的"图层样式"对话框中选择"投影"选项，设置如图 3-43 所示的参数。打开"字符"面板，设置各项参数值，如图 3-44 所示。

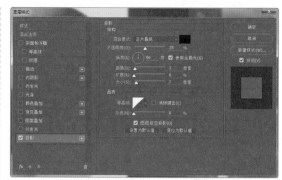

图3-43

图3-44

10 使用"横排文字工具"在画布中输入文字，其图形效果如图 3-45 所示。最终图像效果如图 3-46 所示。

图3-45

图3-46

3.2.2 Android 的界面基本组成元素

Android 的 App 界面和 iPhone 的基本相同，包括状态栏、导航栏、主菜单栏以及中间的内容区域。由于 Android 的界面尺寸较多，下面采用 1 082×1 920 的尺寸设计为标准，简单介绍其界面基本组成元素的设计尺寸，如图 3-47 所示。

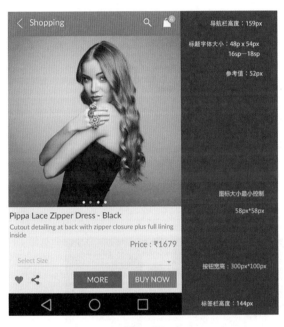

图3-47

3.2.3 Android 的文本规范

为不同控件引入字体大小上的反差，有助于营造有序、易懂的排版效果。但在同一个界面中使用过多不同的字体大小则会造成混乱。Android 设计框架使用以下有限的几种字体大小，如图 3-48 所示。

Text Size Micro	12sp
Text Size Small	14sp
Text Size Medium	18sp
Text Size Large	22sp

图3-48

用户可以在"设置"中调整整个系统的字体大小。为了支持这些辅助特性，字体的像素应当设计成与大小无关的，称为（sp）。排版的时候也应当考虑到这些设置。经过调查显示，用户可接受的文字大小如表 3-2 所示。

表 3-2

		可接受下限（80% 用户可接受）	见小值（50% 以上用户认为偏小）	舒适值（用户认为最舒适）
Android 高分辨率（480×800）	长文本	21 px	24 px	27 px
	短文本	21 px	24 px	27 px
	注释	18 px	18 px	21 px
Android 低分辨率（320×480）	长文本	14 dp	16 px	18～20 px
	短文本	14 px	14 px	18 px
	注释	12 px	12 px	14～16 px

提 示

具体使用文本大小，可找到喜欢的App界面，手机截图后放进PS进行自动调节字体大小。

3.3 Android 的图标运用

图标是一种视觉语言，就是一个表示屏幕内容并为操作、状态和应用提供第一印象的小幅图片，并且能够简捷、显眼且友好地传递产品的核心理念与内涵。图 3-49 所示为 Android 系统图标。

图3-49

3.3.1 启动图标

启动图标在"主屏幕"和"所有应用"中代表手机中的应用。用户可以设置"主屏幕"的壁纸，但要确保启动图标在任何背景上都清晰可见，如图 3-50 所示。

图3-50

🖋 **案例　绘制启动图标**

案例分析：本案例为制作安卓系统镜像启动图标，通过由不规则的图形组合而成。本案例制作并不难，但制作过程中要注意图形的绘制以及对图层样式的设置，最终效果如图 3-51 所示。关于案例的效果，读者可以

通过扫描二维码查看，如图 3-52 所示。

图3-51　　　　　　图3-52

色彩分析：以粉色为主色，白色为辅色，通过对形状颜色的调整，绘制出形状层次分明的效果。

使用的技术	椭圆工具、钢笔工具
规格尺寸	350×350（像素）
视频地址	视频\第3章\3-3-1.mp4
源文件地址	源文件\第3章\3-3-1.psd

01 执行"文件>新建"命令，设置"新建"对话框中各项参数，如图3-53所示。单击工具箱中的"椭圆工具"按钮，填充背景色为RGB（233、30、99），如图3-54所示。

图3-53

图3-54

02 单击工具箱中的"矩形工具"按钮，设置图层模式为"减去顶层形状"，在画布中绘制矩形，使用组合键Ctrl+T调整图形，如图3-55所示。单击"图层"面板底部的"添加图层样式"按钮，在弹出的"图层样式"对话框中选择"内阴影"选项，设置如图3-56所示的参数。

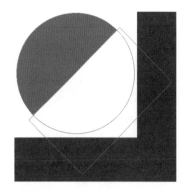

图3-55

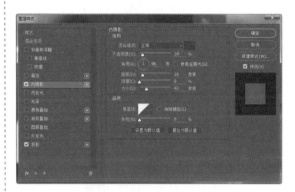

图3-56

提 示

在制作该步骤时，设置"路径操作"为"减去顶层形状"，可将圆角矩形的下半部分减去，但形状路径还存在。所以，在为图层添加图层样式时，图像的下半部分也会被添加图层样式，也可通过使用"删除锚点工具"达到最终的图像效果。

03 选择"投影"选项，设置相应的参数，如图3-57所示。使用相同的方法完成相似图形的制作，如图3-58所示。

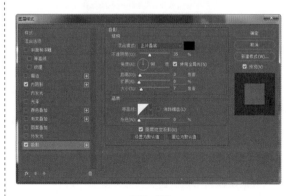

图3-57

图3-58

04 单击工具箱中的"钢笔工具"按钮，设置工具模式为形状，在画布中绘制填充 RGB（240、98、146）的形状，如图 3-59 所示。复制该图层，得到"形状 1 拷贝"，执行"编辑 > 变换路径 > 水平翻转"命令，使用组合键 Ctrl+T 调整图形，如图 3-60 所示。

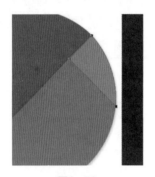

图3-59

图3-60

05 单击工具箱中的"钢笔工具"按钮，设置工具模式为形状，在画布中绘制填充 RGB（238、238、238）的形状，如图 3-61 所示。使用相同的方法完成相似图形的制作，如图 3-62 所示。

图3-61

图3-62

06 复制图层，执行"编辑 > 变换路径 > 水平翻转"命令，调整图形位置，如图 3-63 所示。修改"形状 2 拷贝"图形的填充为白色，图像最终效果如图 3-64 所示。

图3-63

图3-64

3.3.2 系统图标

系统图标或者 UI 界面中的图标代表命令、文件、设备或者目录。系统图标也被用来表示一些常见功能，比如清空垃圾桶、打印或者保存，如图 3-65 所示。

图3-65

3.3.3 系统图标的设计原则

系统图标的设计要简洁友好，有潮流感，有时候也可以设计得古怪幽默一点。要把很多含义精简到一个很简化的图标上表达出来，当然要保证在这么小的尺寸下，图标的意义仍然清晰易懂。下面介绍 Android 系统图标设计的几个原则以及注意事项，希望能够给用户提供一定的帮助。

- 对称性。一个简洁的黑体图形在采用对称一致的设计时，才能拥有独一无二的品质。图 3-66 所示为一些黑体的几何形状。

图3-66

- 一致性。一致性非常重要，尽可能使用系统中提供的图标，在不同的 App 中也一样，如图 3-67 所示。

图3-67

● 比例性。图标网格是所有图标的基准网格，并且具有特定的组成和比例。图标由一些对齐图标网格的平面几何形状组成。基本的平面几何形状有四种，具有特定尺寸以保证所有图标有一致的视觉感和比例，如图 3-68 所示。

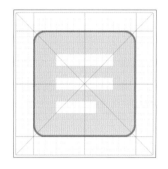

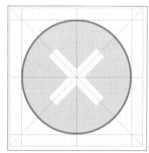

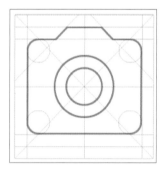

图3-68

● 使用圆角。正方形和矩形都应该添加圆角，也可以同时使用圆角和尖角，这样更具凸凹感。所有由笔划或线条组成的图标都有尖角，如图 3-69 所示。每一个尺寸的系统图标集使用不同大小的圆角，以保证视觉的一致性，如图 3-70 所示。

图3-69

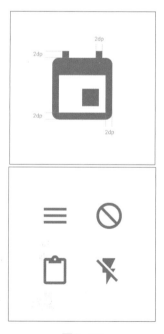

图3-70

系统图标的绘制有几点需要特别注意，包括角、笔触、留白、视觉校正等。

● 角：一致的圆角半径（2 px）是统一全系列系统图标的关键，图标内部的角应为直角，如图 3-71 所示。

图3-71

● 笔触：一致的画笔宽度（2 px）也是统一全系列系统图标的关键，在内外部的边角上保持使用 2 px 的宽度，如图 3-72 所示。

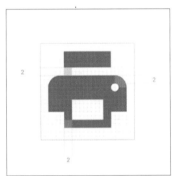

图3-72

● 留白：为了可读性和触摸操作的需要，图标周围可以留有一定的空白区域，如图 3-73 所示。

图3-73

● 视觉校正：极端情况下，必要的校正能够增加图标的清晰度。如有必要，需与其他图标保持一致的几何形状，不要加以扭曲，如图 3-74 所示。

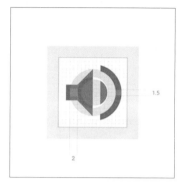

图3-74

3.4 Android 用户界面元素

Android 的系统 UI 为构建用户的应用提供了基础的框架，主要包括主屏幕的体验、状态栏、导航栏、操作栏以及不同视图的展现模式。

3.4.1 主屏幕和二级菜单

主屏幕是一个可以自定义地放置应用图标、目录和窗口小部件的地方，通过左右滑动切换不同的主屏幕面板。收藏栏在屏幕的底部，无论怎么切换面板，它都会一直显示对你最重要的图标和目录。通过单击收藏栏中间的"所有应用"按钮，打开所有的应用和窗口小部件展示界面。

二级菜单界面通过上下滑动可以浏览所有安装在设备上的应用和窗口小部件。用户可以在所有应用中通过拖动图标，把应用或窗口小部件放置在主屏幕的空白区域，如图 3-75 所示。

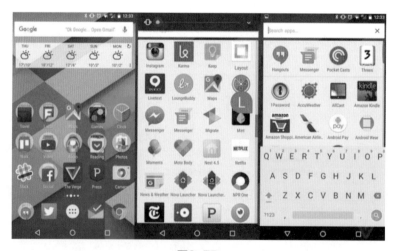

图3-75

3.4.2　状态栏

状态栏位于手机界面的顶端，可显示飞行模式、移动数据、Wi-Fi、Cast、热点、蓝牙、勿扰模式、闹钟等。其中时间和电池图标是必须保留的，但是，可以选择在电池图标内部显示剩余电量。另外还有一个DEMO模式，可以强制关闭状态栏通知，并固定显示网络信号、剩余电量、系统时间，方便在截屏或者录像的时候得到一个统一的状态栏，如图3-76所示。

图3-76

3.4.3　导航抽屉

导航抽屉是一个从屏幕左边滑入的面板，用于显示应用的主要导航项。这特别适用于你的应用有单一且自然的主页面，而这个抽屉的作用类似于一些较少访问的一些目的地的目录。如果你的应用需要有由底层视图切换到应用中其他重要部分的交叉导航，在任意地方都可以滑动出左边导航。边选栏能够让用户高效地在内容之间切换。但是，因为边选栏的功能可见性不强，用户可能需要时间去熟悉整个应用的内容。

导航抽屉作为顶层导航控件，不仅仅是下拉菜单（Spinners）和标签的简单替换。你应当根据应用的实际需求选择导航控件。在以下几种情况下可使用导航抽屉，如图3-77所示。

- 应用拥有大量的顶层视图。导航抽屉比较适合同时显示多个导航目标。如果你的应用有超过3个顶层视图，应当选择导航抽屉；如果不超过3个，固定标签则是更合适的选择。
- 特别的深度导航的分支，并且希望可快速回到应用的顶层视图。
- 实现没有相互联系的视图之间可以实现快速的交叉导航。
- 希望减少应用中的不经常访问内容的可见性和用户的察觉性。

图3-77

3.4.4　操作栏

操作栏位于手机的最下方，其中包含3个按钮，左侧为返回，中间作为主界面，右侧为最近任务。操作栏是用户体验至关重要的一环，能够仔细考虑你的应用程序行为，使得你的应用可以做出准确一致的导航，如图3-78所示。

图3-78

案例　绘制音乐乐库界面

案例分析：本案例制作音乐乐库的界面，其界面由状态栏、导航栏和操作栏组合而成，详细对界面中各个元素的制作进行介绍，在绘制过程中要注意对不规则元素的绘制以及界面布局的排列，最终效果如图 3-79 所示。关于案例的效果，读者可以通过扫描二维码查看，如图 3-80 所示。

色彩分析：以紫色为主色，白色为辅色，通过对形状不透明度的调整，突出文字的可辨识度，界面整体色彩协调统一。

图3-79

图3-80

使用的技术	矩形工具、钢笔工具、椭圆工具
规格尺寸	1 080×1 920（像素）
视频地址	视频\第 3 章\3-4-4.mp4
源文件地址	源文件\第 3 章\3-4-4.psd

01 执行"文件 > 新建"命令，设置"新建"对话框中各项参数，如图 3-81 所示。单击工具箱中的"矩形工具"按钮，设置颜色为 RGB（73、61、210），在画布中创建如图 3-82 所示的矩形。

图3-81

图3-82

02 单击"图层"面板底部的"添加图层样式"按钮，在弹出的"图层样式"对话框中选择"投影"选项，设置如图 3-83 所示的参数。使用相同的方法在画布中绘制黑色的矩形，并设置该图层"不透明度"为 50%，图像效果如图 3-84 所示。

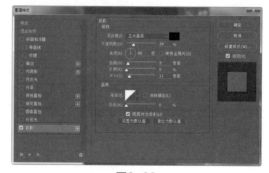

图3-83

图3-84

03 使用"钢笔工具"在画布中绘制填充为白色的形状，并设置图层"不透明度"为30%，如图 3-85 所示。使用相同方法完成其他内容的制作，如图 3-86 所示。

图3-85　　　　　　图3-86

04 使用"钢笔工具"在画布中绘制填充为白色的形状，并设置图层"不透明度"为30%，如图 3-87 所示。使用相同方法完成其他内容的制作，如图 3-88 所示。

图3-87　　　　　　图3-88

05 打开"字符"面板，设置相应的参数，如图 3-89 所示。使用"横排文字工具"在画布中输入如图 3-90 所示的文字。

图3-89　　　　　　图3-90

06 将相关图层编组，并重命名为"状态栏"，使用"钢笔工具"，设置填充为白色，绘制如图 3-91 所示的形状。打开"字符"面板，设置相应的参数，如图 3-92 所示。

图3-91　　　　　　图3-92

提 示

　　对图层编组，可选中所有图层后，按Ctrl+G组合键或执行"图层>图层编组"命令，也可单击"图层"面板底部的"创建新组"按钮，然后，选中所有要编为一组的图层，再将它们拖至组中。

07 使用"横排文字工具"在画布中输入如图3-93 所示的文字。单击工具箱中的"椭圆工具"按钮，设置颜色为白色，在画布中创建如图 3-94 所示的圆形。

08 使用"椭圆工具"选择工具模式为"路径"，路径操作为"减去顶层形状"，绘制如图 3-95所示的形状。单击工具箱中的"钢笔工具"

按钮，设置填充为白色，绘制如图 3-96 所示的形状。

图3-93

图3-94

图3-95

图3-96

09 使用相同的方法完成相似图形的制作，如图 3-97 所示。执行"视图 > 显示标尺"命令，显示标尺并拖出参考线，如图 3-98 所示。

图3-97

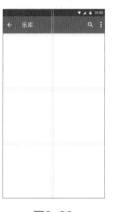

图3-98

10 执行"文件 > 打开"命令，打开素材图像"素材 \ 第 3 章 \34401.jpg"并拖入画布中，如图 3-99 所示。单击工具箱中的"矩形工具"按钮，设置颜色为黑色，在画布中创建矩形，设置图层"不透明度"为 20%，如图 3-100 所示。

图3-99

图3-100

提示

　　在制作手机UI时，标尺和参考线是很实用的工具，合理运用可以使界面的排布变得简单和方便。在制作完成后，如果需要清除参考线，可以通过执行"视图>清除参考线"命令，也可以执行"视图>显示>参考线"命令或按Ctrl+H组合键，隐藏参考线，再次执行该命令或按Ctrl+H组合键，即可显示参考线。

11 使用"横排文字工具"在画布中输入如图 3-101 所示的文字。单击工具箱中的"椭圆工具"按钮，设置颜色为白色，在画布中创建如图 3-102 所示的圆形。

图3-101

图3-102

12 使用相同的方法完成其他模块的制作，如图 3-103 所示。单击工具箱中的"椭圆工具"按钮，设置颜色为 RGB（237、103、202），在画布中创建如图 3-104 所示的圆形。

图3-103　　　　　　图3-104

13 单击"图层"面板底部的"添加图层样式"按钮，在弹出的"图层样式"对话框中选择"投影"选项，设置如图 3-105 所示的参数。使用"横排文字工具"在画布中输入如图 3-106 所示的符号。

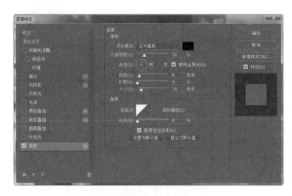

图3-105

图3-106

14 单击工具箱中的"矩形工具"按钮，设置颜色为黑色，在画布中创建如图 3-107 所示的矩形。单击工具箱中的"椭圆工具"按钮，设置颜色为白色，设置如图 3-108 所示的参数，并设置描边颜色为白色，在画布中创建圆环。

图3-107

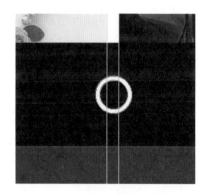

图3-108

15 使用相同方法完成其他内容的制作，并将相应的图层进行编组，"图层"面板如图 3-109 所示。最终图像效果如图 3-110 所示。

图3-109　　　　　　图3-110

3.5 Android 控件的绘制

Android 系统提供了一整套的 Android 控件，为用户提供了极大的方便，其中包括选项卡、列表、网格列表、滚动、下拉菜单、按钮、文本框、滑块、进度条、活动指示器、开关、对话框和选择。下面一一进行介绍。

3.5.1 选项卡

操作栏中的选项卡能够帮助用户以最快的速度了解 Android App 中的不同功能，或是浏览不同分类的数据集。

选项栏使用方式

使用 Tabs 将大量关联的数据或者选项划分成更易理解的分组，可以在不需要切换出当前上下文的情况下，有效地进行内容导航和内容组织。尽管 Tabs 的内容让人自然联想到导航，但 Tabs 本身并不是用来导航的。Tabs 也不是用于内容切换或是内容分页的，正确使用如图 3-111 所示。错误地使用如图 3-112 所示。

图3-111   图3-112

选项栏特性

选项栏应该显示在一行内且不应该被嵌套，一组选项栏至少包含 2 个选项并且不多于 6 个选项。选项栏控制的显示内容的定

位要一致，当前可见内容要高亮显示，应该归类并且每组选项栏中内容顺序相连。保持 Tabs 和它们的内容相邻，可以明确两者间的关系，距离太远会让人误解。正确的使用如图 3-113 所示。错误地使用如图 3-114 所示。

图3-113   图3-114

提 示

Android M选项卡相较于Android L没有经过过多的改动，依旧延续了简捷、清楚和扁平化的原则。

选项栏的内容

即使是两个选项栏之间，选项中呈现的内容也可以有很大的差别。一组选项栏中的所有内容应该互相关联并且在同一个主题下，但是每个选项又是相互独立的。

选项应该逻辑地组织相关内容，并提供有意义的区分，避免进行跨选项的内容比较。如果一个跨选项的内容比较是有必要的，那

么应该换一种内容的组织和呈现方式，如图
3-115 所示。

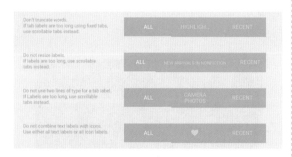

图3-115

选项栏的类型

根据平台和使用环境，选项栏的内容可
以表现为固定的选项栏或者滚动（滑动）的
选项栏。

- 滚动标签：滚动标签控件和一般的标签
  控件相比，可以放置更多的标签。通过
  在视图中左右滑动，切换不同的标签，
  如图 3-116 所示。

图3-116

- 固定标签：固定标签可以一直显示所有
  的标签。通过触摸切换不同的标签，如
  图 3-117 所示。

图3-117

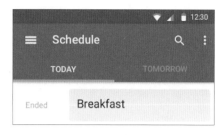

图3-117（续）

选项栏的规格

不同类型的选项栏的设计规格各不相同。
下面简单介绍可滚动以及固定选项栏的设计
规格。

滚动标签的选项栏的规格如下，如图
3-118 所示。

- Tab 宽度：12 dp+ 文本宽度 +12 dp。
- 激活的 Tab 的指示器高度：2 dp。
- 文本：14 sp Roboto Medium。
- 激活的文字颜色：#fff 或颜色选择中的
  次要颜色。
- 不可用的文字颜色：#fff 60%。

固定标签的选项栏的规格如下，如图
3-119 所示。

- Tab 宽度：屏幕的 1/3。
- 激活的 Tab 的指示器高度：2 dp。
- 文本：14 sp Roboto Medium。
- 文本在 Tab 中居中。
- 激活的文字颜色：#fff 或颜色选择中的
  次要颜色。
- 不可用的文字颜色：#fff 60%。

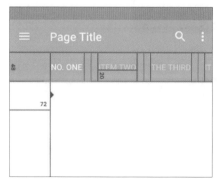

图3-118

图3-119

案例 绘制主题壁纸下载界面

案例分析：本案例主要介绍选项卡的设计规范，其制作过程难度不大，但需要注意的是对图层样式以及主体内容排列的整体布局，最终效果如图 3-120 所示。关于案例的效果，读者可以通过扫描二维码查看，如图 3-121 所示。

色彩分析：红色的背景与白色的文字及按钮，突出主题，搭配灰色的线条，侧面突出主题。

图3-120   图3-121

使用的技术	钢笔工具、矩形工具、文本工具
规格尺寸	1 080×1 920（像素）
视频地址	视频\第 3 章\3-5-1.mp4
源文件地址	源文件\第 3 章\3-5-1.psd

01 执行"文件 > 新建"命令，设置"新建"

对话框中各项参数，如图 3-122 所示。单击工具箱中的"矩形工具"按钮，在画布中创建填充RGB(244、67、54)的矩形，如图3-123所示。

图3-122

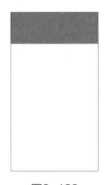

图3-123

02 单击"图层"面板底部的"添加图层样式"按钮，在弹出的"图层样式"对话框中选择"投影"选项，设置如图 3-124 所示的参数。执行"文件 > 打开"命令，打开素材图像"素材\第 3 章\35101.png"并拖入画布中，如图 3-125 所示。

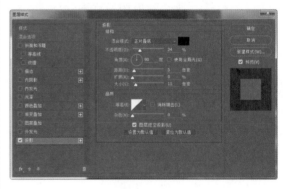

图3-124

图3-125

03 单击工具箱中的"钢笔工具"按钮,在画布中创建形状,如图 3-126 所示。打开"字符"面板,设置相应参数,如图 3-127 所示。

图3-126　　　　图3-127

04 使用"横排文字工具"在画布中输入如图 3-128 所示的文字。单击工具箱中的"椭圆工具"按钮,在画布中创建填充为白色的正圆,如图 3-129 所示。

图3-128　　　　图3-129

05 使用相同的方法,按住 Shift 键继续在画布中绘制椭圆,如图 3-130 所示。单击工具箱中的"横排文字工具"按钮,在画布中输入如图 3-131 所示的文字。

图3-130

图3-131

06 单击工具箱中的"矩形工具"按钮,在画布中创建填充为白色的矩形,如图 3-132 所示。单击"图层"面板底部的"添加图层样式"按钮,在弹出的"图层样式"对话框中选择"投影"选项,设置如图 3-133 所示的参数。

图3-132

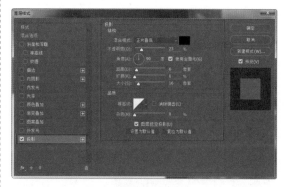

图3-133

07 为相应的图层编组，单击工具箱中的"矩形工具"按钮，在画布中创建填充 RGB（238、238、238）的矩形，如图 3-134 所示。单击"图层"面板底部的"添加图层样式"按钮，在弹出的"图层样式"对话框中选择"内发光"选项，设置如图 3-135 所示的参数。

图3-134

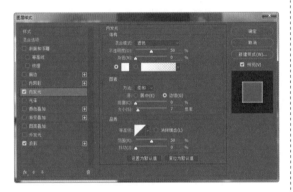

图3-135

08 选择"投影"选项，设置如图 3-136 所示的参数。执行"文件 > 打开"命令，打开素材图像"素材\第 3 章\35102.jpg"并拖入画布中，如图 3-137 所示。

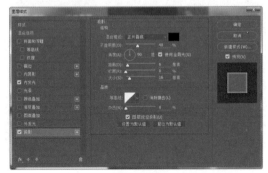

图3-136

图3-137

09 单击鼠标右键，在弹出的快捷菜单中选择"创建剪贴蒙版"选项，如图 3-138 所示。使用相同的方法完成相似图形的制作，如图 3-139 所示。

图3-138

图3-139

10 执行"文件 > 打开"命令，打开素材图像"素材\第 3 章\35106.png"并拖入画布中，如图 3-140 所示。最终图像效果如图 3-141 所示。

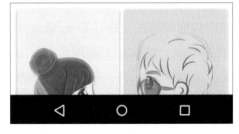

图3-140

图3-141

3.5.2 列表

一个单一的连续元素以垂直排列的方式显示多行条目的表示方法称为列表。列表由单一连续的列构成，该列又等分成相同宽度，称为行。列表只支持垂直滚动。列表的表现方式可分为单行列表、两行列表和三行列表。

单行列表

每行列表包含单行的文本。文本字数可以在同一列表的不同行之间有所改变，如图3-142所示。

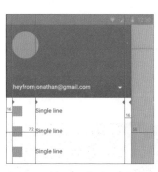

图3-142

两行列表

在两行列表中，每行最多包含两行的文本。文本字数可以在同一列表的不同行间有所改变，如图3-143所示。

图3-143

三行列表

在三行列表中，每行最多包含三行文本。文本的字数可以在同一列表的不同行间有所改变，如图3-144所示。

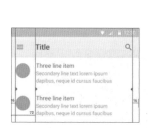

图3-144

案例 绘制列表视图

案例分析：本案例主要介绍列表视图的制作方法，该界面以简洁明了为基础，没有过多的颜色修饰。在制作过程中可通过使用标尺衡量行与行之间的间距，需要用户有足够的耐心和细心，最终效果如图3-145所示。关于案例的效果，读者可以通过扫描二维码查看，如图3-146所示。

色彩分析：界面以白色为主色，以红色为辅色，搭配灰色的按钮，整个界面布局合理且内容清楚明了。

图3-145 　　　　　图3-146

使用的技术	圆角矩形工具、多边形工具、文本工具
规格尺寸	1 080×1 920（像素）
视频地址	视频\第 3 章\3-5-2.mp4
源文件地址	源文件\第 3 章\3-5-2.psd

01 执行"文件 > 新建"命令，设置"新建"对话框中各项参数，如图 3-147 所示。执行"文件 > 打开"命令，打开素材图像"素材\第 3 章\35201.png"并拖入画布中，如图 3-148 所示。

图3-147

图3-148

02 单击"图层"面板底部的"添加图层样式"按钮，在弹出的"图层样式"对话框中选择"颜色叠加"选项，设置如图 3-149 所示的参数。单击工具箱中"矩形工具"按钮，在画布中创建填充为黑色的矩形，并在"图层"面板中设置不透明度为 50%，如图 3-150 所示。

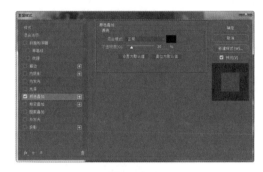

图3-149

图3-150

03 使用相同的方法将素材图像"素材\第 3 章\35202.png"拖入画布中，如图 3-151 所示。单击工具箱中"直线工具"按钮，在画布中创建填充为白色、粗细为 7 像素的直线，如图 3-152 所示。

图3-151

图3-152

04 使用相同的方法，按住 Shift 键继续在画布中绘制形状，如图 3–153 所示。打开"字符"面板，设置相应参数，如图 3–154 所示。

图3-153　　　　　图3-154

05 使用"横排文字工具"在画布中输入如图3–155 所示的文字。使用相同的方法完成其他图形的绘制，如图 3–156 所示。

图3-155

图3-156

06 单击工具箱中"矩形工具"按钮，在画布中创建填充 RGB（244、67、54）的矩形，如图 3–157 所示。单击"图层"面板底部的"添加图层样式"按钮，在弹出的"图层样式"对话框中选择"投影"选项，设置如图 3–158所示的参数。

图3-157

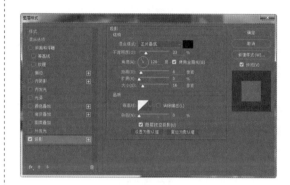

图3-158

07 将相应的图层进行编组，执行"视图 > 标尺"命令，在画布中创建参考线，如图 3–159所示。执行"文件 > 打开"命令，打开素材图像"素材 \ 第 3 章 \35203.png"并拖入画布中，如图 3–160 所示。

图3-159　　　　　图3-160

08 使用"横排文字工具"在画布中创建文字，如图 3–161 所示。单击工具箱中"圆角矩形工具"按钮，设置相应的参数，在画布中创

建如图 3-162 所示的圆角矩形。

图3-161

图3-162

09 单击工具箱中"多边形工具"按钮，设置边数为 3，在画布中创建如图 3-163 所示的形状。单击工具箱中"直线工具"按钮，设置粗细为 3 像素，在画布中创建填充 RGB（220、220、220）的直线，并在"图层"面板中设置不透明度为 25%，如图 3-164 所示。

图3-163

图3-164

10 单击"图层"面板底部的"添加图层样式"按钮，在弹出的"图层样式"对话框中选择"投影"选项，设置如图 3-165 所示的参数。使用相同的方法完成相似图形的制作，其最终图像效果如图 3-166 所示。

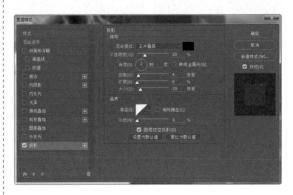

图3-165

图3-166

11 执行"文件 > 打开"命令，打开素材图像"素材\第3章\35207.png"并拖入画布中，如图 3-167 所示。最终图像效果如图 3-168所示。

图3-167

图3-168

3.5.3　网格列表

网格列表是另一种列表视图形式。当数据可以通过图片表达的时候，就很适合使用网格列表。与简单的列表不同，网格列表可以垂直滚动，也可以水平滚动。网格列表可分为基本网格列表和带标题的网格列表。

基本网格列表

网格列表中的条目按照两个方向进行排列，滚动时，另一个方向的排列不会发生变换。滚动方向表明了条目排列的顺序。由于滚动方向在不同的应用中可能不同，所以通过切断溢出的内容，提示用户向某个方向滚动。

- 垂直滚动：垂直滚动的网格列表条目按照一般的西方阅读顺序排列：从左往右，从上到下。显示列表时，可以切断当前屏幕中最下面的条目，提示用户向下滑动还有更多内容。当用户旋转屏幕时，仍然保持这种模式，如图 3–169 所示。
- 水平滚动：水平滚动的网格列表，高度是固定的。不同于垂直滚动列表，水平滚动列表采用先从上到下、再从左往右的排列顺序。同样使用切断边界条目的方法，提示用户右边还有更多内容，如图 3–170 所示。

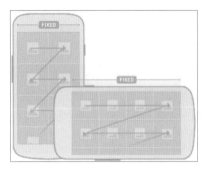

图3-169

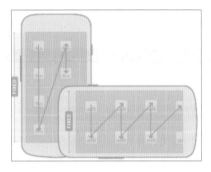

图3-170

带标题的网格列表

使用标题为网格列表条目显示更多的上下文信息。

- 样式：在网格列表条目上使用半透明的面板来显示标题。可以控制对比度，确保标题足够清晰而又展现亮丽的图片内容，如图 3–171 所示。

图3-171

3.5.4　文本框

文本框让用户在应用中输入文字。文本框支持单行和多行模式。当触摸文本框后，会自动显示光标和键盘。除了输入，文本框还支持其他操作，如选择（剪切、复制、粘贴），如图 3-172 所示。

图3-172

> **提 示**
>
> 　　文本框可以有不同的输入类型。输入类型决定文本框内允许输入什么样的字符，有的可能会提示虚拟键盘并调整其布局来显示最常用的字符。常见的类型包括数字、文本、电子邮件地址、电话号码、个人姓名、用户名、URL、街道地址、信用卡号码、PIN码以及搜索查询。

- 单行文本框：当文本输入光标到达输入区域的最右边，单行文本框中的内容会自动滚动到左边，如图 3-173 所示。
- 多行文本框：当文本长度超过文本框宽度时，多行文本框会自动换行，并形成新的行，使文本可以换行和垂直滚动，使用户能够看到最后一行，如图 3-174 所示。

图3-173　　　　图3-174

- 文本框类型：文本框有多种类型，比如数字、消息或邮箱地址。文本框类型决定了哪一种字符可以输入该文本框，并且会自动显示最合适的虚拟键盘。
- 自动完成文本框：使用自动完成文本框时，它将会实时显示自动完成或者搜索结果，用户可以更容易和准确地输入内容。
- 文字的选择：用户可以通过长按文本框选择文字。这个操作会进入文本选择模式，这个模式提供对于选择的扩展以及对选中文字的操作。选择模式包括以下内容。
  - ➢ 上下文操作栏：上下文操作栏展示了可以对选中文字进行的操作，包括剪切、复制和粘贴。如果需要的话，还可以增加更多命令。
  - ➢ 选择控制：选择控制可以让用户调整文字选择。

3.5.5　按钮

　　按钮可以包含文本和图片。文字及图片的组成能够让人轻易地和点击后展示的内容联系起来，明确表明当用户触摸时会触发的操作。其主要的按钮包括如下三种。

- 悬浮响应按钮（Floating action button）：点击后会产生墨水扩散效果的圆形按钮。
- 浮动按钮（Raised button）：常见的方形纸片按钮，点击后会产生墨水扩散效果。
- 扁平按钮（Flat button）：点击后产生墨水扩散效果，和浮动按钮的区别是没有浮起的效果。

> **提 示**
>
> 　　合适的图标和文本可以相得益彰，使得按钮的操作更加明晰。明确的图片使得仅包含图标的按钮也很容易理解。当操作难以通过图片表示，或者该操作很重要，不能有任何歧义时，仅包含文本的按钮是不错的选择。

悬浮响应按钮

悬浮响应按钮是促进动作里的特殊类型，是一个圆形的漂浮在界面之上的、拥有一系列特殊动作的按钮，这些动作通常和变换、启动以及它本身的转换锚点相关，如图 3-175 所示。

图3-177

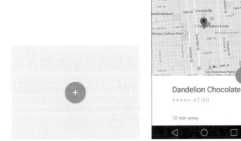

图3-175

浮动按钮

浮动按钮使按钮在比较拥挤的界面上更清晰可见，能给大多数扁平的布局带来层次感，如图 3-176 所示。

图3-176

扁平按钮

扁平按钮一般用于对话框或者工具栏，可避免页面上过多无意义的层叠，如图 3-177 所示。

🐱 案例　绘制登录界面

案例分析：本案例绘制 App 的登录界面，主要帮助用户了解按钮的制作方法与设计。此款界面的设计难度并不大，在制作过程中要注意圆角矩形的使用方法，最终效果如图 3-178 所示。关于案例的效果，读者可以通过扫描二维码查看，如图 3-179 所示。

色彩分析：这款界面以半透明的图片为背景，以白色为主，整个界面呈现简洁而神秘的感觉。

图3-178　　　　　图3-179

使用的技术	矩形工具、圆角矩形工具、文本工具
规格尺寸	1 080 × 1 920（像素）
视频地址	视频 \ 第 3 章 \3-5-5.mp4
源文件地址	源文件 \ 第 3 章 \3-5-5.psd

01 执行"文件 > 新建"命令，设置"新建"

对话框中各项参数，如图 3-180 所示。执行"文件 > 打开"命令，打开素材图像"素材\第 3 章\35501.jpg"并拖入画布中，如图 3-181 所示。

图3-180

图3-181

02 新建图层，设置前景色为 RGB（96、125、138），使用"油漆桶工具"填充颜色，如图 3-182 所示。在"图层"面板中修改不透明度为 41%，其图像效果如图 3-183 所示。

图3-182　　　　　图3-183

03 打开"字符"面板，设置相应参数，如图 3-184 所示。使用"横排文字工具"在画布中创建文字，如图 3-185 所示。

图3-184　　　　　图3-185

04 单击工具箱中"矩形工具"按钮，在画布中填充黑色的矩形，在"图层"面板中修改不透明度为 41%，其图像效果如图 3-186 所示。将素材图像"素材\第 3 章\35502.png"拖入画布中，如图 3-187 所示。

图3-186　　　　　图3-187

05 单击工具箱中"圆角矩形工具"按钮，在画布中填充颜色为白色、半径为 20 像素的圆角矩形，其图像效果如图 3-188 所示。使用"横排文字工具"在画布中创建文字，如图 3-189 所示。

图3-188

注册

图3-189

> **提示**
>
> 　　在画布中创建文本时，应当先新建图层，再使用"横排文字工具"创建文本。如果直接使用"文本工具"，它会默认为以"形状路径"创建文本。

06 使用相同的方法完成相似内容的制作，如图 3-190 所示。执行"文件 > 打开"命令，打开素材图像"素材 \ 第 3 章 \35503.png"并拖入画布中，最终图像效果如图 3-191 所示。

图3-190

图3-191

3.5.6　菜单

　　菜单是临时的一张纸（Paper），由按钮（Button）、动作（Action）、点（Pointer）或者包含至少两个菜单项的其他控件触发。菜单是一种快速的选择方式。默认情况下，下拉菜单显示当前选中的项。触摸后，显示其他可选项的下拉菜单，用户可以做出新的选择。

　　每一个菜单项是一个离散的选项或者动作，并且能够影响到应用、视图或者视图中选中的按钮，如图 3-192 所示。

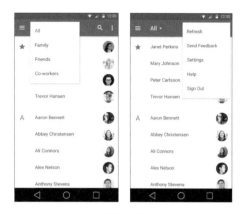

图3-192

菜单项

　　每一个菜单项限制为单行文本，并且能够说明在菜单项选中时所发生的动作。菜单项的文本一般是单个单词或者短语，但是也可能包含图标和帮助文本，比如快捷键，同时也可包含像复选标记之类的控件来标识多选条目或状态。

　　将动作菜单项显示为禁用状态，而不是移除它们，这样可以让用户知道在正确条件下它们是存在的。比如，当没有重做任务时禁用重做（Redo）动作。当内容被选中后，剪切（Cut）和复制（Copy）动作可用，如图 3-193 所示。

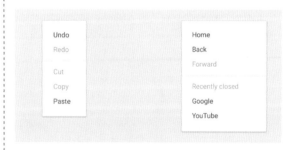

图3-193

行为

　　菜单出现在所有的应用内部的 UI 元素之

上。通过单击菜单以外的部分或者单击触发按钮（如果按钮可见），可以让菜单消失。在通常情况下，选中一个菜单项后菜单也会消失，但要注意以下两点。

- 不要重复显示选中的菜单项。错误的表示方法如图 3-194 所示。正确的表示方法如图 3-195 所示。

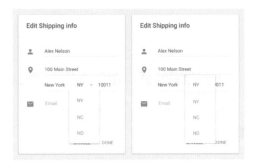

图3-194

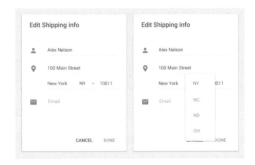

图3-195

- 菜单不要与触摸的位置水平对齐。错误的表示方法如图 3-196 所示。正确的表示方法如图 3-197 所示。

图3-196

图3-197

案例　绘制电子书籍界面

案例分析：本案例绘制电子书籍的界面，主要介绍菜单选项的制作方法，在制作过程中需要注意选项菜单的均匀排布以及对图层样式的设置，最终效果如图 3-198 所示。关于案例的效果，读者可以通过扫描二维码查看，如图 3-199 所示。

色彩分析：这款界面以粉色为主色，以白色为辅色，搭配黄色和粉色的文字，突出主题，清晰有效地点出重点。

图3-198

图3-199

使用的技术	矩形工具、文本工具
规格尺寸	1 080×1 920（像素）
视频地址	视频＼第 3 章＼3-5-6.mp4
源文件地址	源文件＼第 3 章＼3-5-6.psd

01 执行"文件 > 新建"命令，设置"新建"对话框中各项参数，如图 3-200 所示。单击工具箱中的"矩形工具"按钮，设置颜色为 RGB（233、30、99），在画布中创建如图 3-201 所示的矩形。

图3-200

图3-201

02 单击"图层"面板底部的"添加图层样式"按钮，在弹出的"图层样式"对话框中选择"投影"选项，设置如图 3-202 所示的参数。使用相同的方法在画布中绘制填充为黑色的矩形，并在"图层"面板中设置不透明度为 25%，如图 3-203 所示。

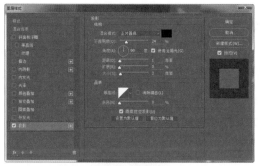

图3-202

图3-203

03 执行"文件 > 打开"命令，打开素材图像"素材 \ 第 3 章 \35601.png"并拖入画布中，如图 3-204 所示。单击工具箱中的"矩形工具"按钮，设置颜色为 RGB（116、15、49），在画布中创建如图 3-205 所示的矩形。

图3-204　　　　　图3-205

04 使用相同的方法，按住 Shift 键在画布中继续绘制图形，如图 3-206 所示。打开"字符"面板，设置相应的参数，如图 3-207 所示。

图3-206　　　　　图3-207

05 使用"横排文字工具"在画布中创建文字，如图 3-208 所示。使用相同的方法完成其他图形的制作，如图 3-209 所示。

图3-208

图3-209

06 单击工具箱中的"矩形工具"按钮，设置颜色为 RGB（250、250、250），在画布中创建如图 3-210 所示的矩形。单击"图层"面板底部的"添加图层样式"按钮，在弹出的"图层样式"对话框中选择"投影"选项，设置如图 3-211 所示的参数。

图3-210

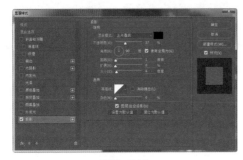

图3-211

07 打开"字符"面板，设置相应的参数，如图3-212所示。使用"横排文字工具"在画布中创建文字，如图3-213所示。

图3-212　　　　图3-213

08 使用相同的方法完成相似内容的制作，如图3-214所示。单击工具箱中的"矩形工具"按钮，在画布中创建如图3-215所示的矩形。

图3-214

图3-215

09 执行"文件 > 打开"命令，打开素材图像"素材\第3章\35602.png"并拖入画布中，单击鼠标右键，在弹出的快捷菜单中选择"创建剪贴蒙版"选项，如图3-216所示。使用相同的方法完成相似内容的制作，如图3-217所示。

图3-216

图3-217

10 单击工具箱中的"矩形工具"按钮，设置颜色为白色，在画布中创建如图3-218所示的矩形。单击"图层"面板底部的"添加图层样式"按钮，在弹出的"图层样式"对话框中选择"描边"选项，设置如图3-219所示的参数。

图3-218

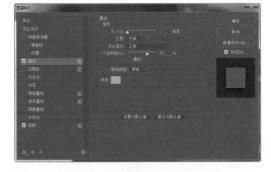

图3-219

11 选择"投影"选项，设置如图 3-220 所示的参数。使用"文本工具"在画布中创建文字，如图 3-221 所示。

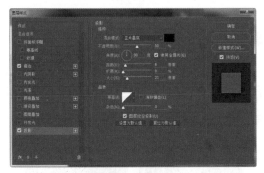

图3-220

图3-221

12 执行"文件 > 打开"命令，打开素材图像"素材\第 5 章\55404.png"并拖入画布中，如图 3-222 所示。最终图像效果如图 3-223 所示。

图3-222

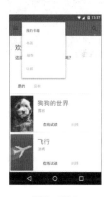

图3-223

3.5.7 开关

开关允许用户选择选择项，包括三种类型，分别为单选按钮、复选框和 On/Off 开关，如图 3-224 所示。

图3-224

单选按钮

单选按钮只允许用户从一组选项中选择一个。单选按钮通过动画来表达聚焦和按下的状态。如果用户需要看到所有可用的选项并排显示，那么可选择使用单选按钮。否则，应考虑相比显示全部选项更节省空间的下拉，如图 3-225 所示。

图3-225

复选框

复选框允许用户从一组选项中选择多个。当需要在一个列表中出现多个 On/Off 选项时，复选框是一种节省空间的好方式。但如果只有一个 On/Off 选择，不要使用复选框，而应该替换成 On/Off 开关。通过主动将复选框换成勾选标记，可以使去掉勾选的操作变得更加明确且令人满意。复选框与单选按钮相同，都是通过动画来表达聚焦和按下的状态，如图 3-226 所示。

图3-226

On/Off 开关

On/Off 开关切换单一设置选择的状态。开关控制的选项以及它的状态，应该明确展示出来并与内部的标签相一致。开关应与单选按钮呈现相同的视觉特性。开关也是通过动画来传达被聚焦和被按下的状态。开关滑块上标明"On"和"Off"的做法被弃用，取而代之的是如图 3-227 所示的开关。

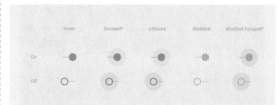
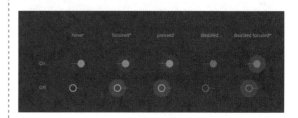

图3-227

3.5.8　滚动

在 Android 界面中可以通过滚动手势浏览更多的内容，手势的速度取决于滚动的速度。滚动由滚动提示和滚动索引两部分组成，如图 3-228 所示。

图3-228

- 滚动提示：滚动时显示滚动提示，表明当前内容在全部内容中的位置，不滚动的状态下就不会显示。
- 滚动索引：除了一般的滚动，按照字母排序的长列表还可以提供滚动索引，可以快速按照首字母查找条目。如果有滚动索引，即使不滚动，仍然会显示滚动提示。触摸或者拖动它时，将会提示当前位置的首字母。

案例　绘制好友联系人界面

案例分析：本案例绘制好友联系人界面，主要介绍滚动条以及滚动索引的制作方法。界面由简单的图形以及头像构成，页面风格十分简单朴素，但在制作过程中要注意对界面布局的合理分配。最终效果如图 3-229 所示。关于案例的效果，读者可以通过扫描二维码查看，如图 3-230 所示。

色彩分析：白色的背景搭配紫色的导航，呈现朴素干净的感觉；添加了粉色的滚动索引，为页面添加了一丝活力。

图3-229

图3-230

使用的技术	矩形工具、椭圆矩形工具、文本工具
规格尺寸	1 080×1 920（像素）
视频地址	视频 \ 第 3 章 \3-5-8.mp4
源文件地址	源文件 \ 第 3 章 \3-5-8.psd

01 执行"文件 > 新建"命令，设置"新建"对话框中的各项参数，如图 3-231 所示。单击工具箱中的"矩形工具"按钮，设置颜色为 RGB（63、81、181），在画布中创建如图 3-232 所示的矩形。

图3-231

图3-232

02 单击"图层"面板底部的"添加图层样式"按钮，在弹出的"图层样式"对话框中选择"投影"选项，设置如图 3-233 所示的参数。使用相同的方法在画布中绘制填充为黑色的矩形，并在"图层"面板中设置不透明度为20%，如图 3-234 所示。

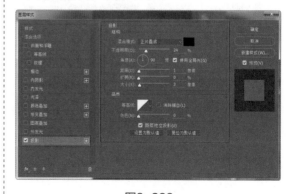
图3-233

图3-234

03 执行"文件 > 打开"命令，打开素材图像"素材\第 3 章\35801.png"并拖入画布中，如图 3-235 所示。单击工具箱中的"矩形工具"按钮，设置颜色为 RGB（255、255、255），在画布中创建如图 3-236 所示的矩形。

图3-235　　　　图3-236

04 使用相同的方法，按住 Shift 键在画布中继续绘制图形，如图 3-237 所示。打开"字符"面板，设置相应的参数，如图 3-238 所示。

图3-237　　　　图3-238

05 使用"横排文字工具"在画布中创建文字，如图 3-239 所示。单击工具箱中的"钢笔工具"

按钮，设置路径为"形状"，在画布中创建填充为白色的形状，如图 3-240 所示。

图3-239　　　　图3-240

06 使用相同的方法完成其他图形的绘制，并将相应的图层进行编组，如图 3-241 所示。单击工具箱中的"多边形工具"按钮，设置颜色为 RGB（255、64、129），在画布中创建如图 3-242 所示的星形。

图3-241　　　　图3-242

07 单击工具箱中"横排文字工具"按钮，设置如图 3-243 所示的参数。在画布中输入如图 3-244 所示的文字。

图3-243　　　　图3-244

08 单击工具箱中的"椭圆工具"按钮，在画布中创建如图 3-245 所示的圆形。单击"图层"面板底部的"添加图层样式"按钮，在弹出

的"图层样式"对话框中选择"描边"选项，设置如图3-246所示的参数。

图3-245

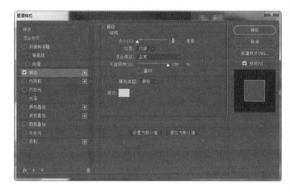

图3-246

09 执行"文件＞打开"命令，打开素材图像"素材＼第3章＼35802.jpg"并拖入画布中，单击鼠标右键，在弹出的快捷菜单中选择"创建剪贴蒙版"选项，如图3-247所示。使用相同的方法完成相似图形的制作，如图3-248所示。

粗细为3像素，在画布中创建黑色的直线，如图3-249所示。在"图层"面板中设置不透明度为8％，如图3-250所示。

图3-249

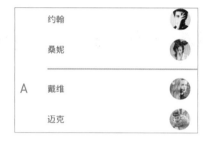

图3-250

11 单击工具箱中的"矩形工具"按钮，在画布中创建黑色的矩形，如图3-251所示。在"图层"面板中设置不透明度为10％，如图3-252所示。

图3-251

图3-252

图3-247　　　　图3-248

10 单击工具箱中的"直线工具"按钮，设置

12 执行"文件 > 打开"命令，打开素材图像 "素材\第3章\35810.png"并拖入画布中，如图3-253所示。最终图像效果如图3-254所示。

图3-253   图3-254

3.5.9　活动指示器

活动指示器作为向用户给出的信号，用以提示某个操作会花费较长的时间。在用户可以查看并与内容进行交互之前，尽可能地减少视觉上的变化，尽量使应用加载过程令人愉快。活动指示器有两种表示方式，分别为线形进度指示器和圆形进度指示器，如图3-255所示。

图3-255

提 示

在操作中，在完成部分可以确定的情况下，使用确定的指示器能够让用户对某个操作所需要的时间有个快速的了解。但在完成部分不确定的情况下，用户需要等待一定的时间，这时无须告知用户后台的情况以及所需时间，可以使用不确定的指示器。可使用线形进度指示器和圆形进度指示器中的任何一项来指示确定性和不确定性的操作。

● 线形进度指示器。使用线形进度条可以使用户知道当前任务完成的比例，让用户了解大约还需要多久才能完成。进度条应当表示从 0% 到 100%，而且永远不会往回变成一个更小的值。如果有多个操作按顺序发生，可以使用进度条来表示整体的延时，如图3-256所示。

图3-256

- 圆形进度指示器。当要表示不确定的情况时，可使用圆形进度指示器。为了 Android 系统的统一体验，圆形加载指示器可以单独存在，也可以与其他有趣的图标一起搭配使用，如图 3-257 所示。

图3-258

图3-257

提 示

如果你觉得标准的活动指示器不能满足自己的要求，可借鉴标准指示器的视觉特征，根据自己的需要自行设计。

3.5.10　滑块

滑块控件（Sliders）能够在其通过的连续或间断的区间内滑动锚点来选择一个合适的数值。区间最小值放在左边，对应地，最大值放在右边。滑块可以在滑动条的左右两端设定图标来反映数值的强度。这种交互特性使得它在设置诸如音量、亮度、色彩饱和度等需要反映强度等级的选项时成为一种极好的选择，如图 3-258 所示。

案例　绘制音乐播放器界面

案例分析：本案例绘制音乐播放器界面，主要介绍滑块的制作方法。该界面的设计十分简单，但在制作过程中需要注意界面中各个元素的制作，最终效果如图 3-259 所示。关于案例的效果，读者可以通过扫描二维码查看，如图 3-260 所示。

色彩分析：界面以图片作为背景，以绿色为辅色，使整个界面很好地融为一体，搭配白色的按钮以及黄色的滑块，增强了按钮的可辨识度，使其更加醒目。

图3-259　　　　　　图3-260

使用的技术	矩形工具、多边形工具、椭圆工具
规格尺寸	1 080×1 920（像素）
视频地址	视频\第 3 章\3-5-10.mp4
源文件地址	源文件\第 3 章\3-5-10.psd

01 执行"文件 > 新建"命令，设置"新建"对话框中的各项参数，如图 3-261 所示。单击工具箱中的"矩形工具"按钮，在画布中创建任意颜色的矩形，如图 3-262 所示。

图3-261

图3-262

02 执行"文件 > 打开"命令，打开素材图像"素材\第 3 章\351001.png"并拖入画布中，如图 3-263 所示。选择"图层 2"图层，单击鼠标右键为图层创建剪贴蒙版，"图层"面板如图 3-264 所示。

03 执行"文件 > 打开"命令，打开素材图像"素材\第 3 章\351002.png"并拖入画布中，如图 3-265 所示。单击工具箱中"横排文字工具"

按钮，在画布中输入如图 3-266 所示的文字。

图3-263

图3-264

图3-265

图3-266

04 单击工具箱中"矩形工具"按钮，设置颜色为 RGB（147、178、171），在画布中创建矩形，如图 3-267 所示。单击工具箱中"横排文字工具"按钮，在画布中输入如图 3-268 所示的文字。

图3-267

图3-268

05 使用相同的方法完成相似图形的制作，如图 3-269 所示。单击工具箱中"矩形工具"按钮，设置颜色为 RGB（215、215、215），在画布中创建矩形，如图 3-270 所示。

图3-269

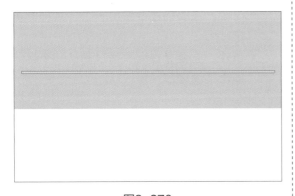

图3-270

06 使用相同的方法在画布中创建填充为 RGB（254、221、67）的矩形，如图 3-271 所示。单击工具箱中"椭圆工具"按钮，设置颜色为 RGB（254、221、67），在画布中创建正圆，如图 3-272 所示。

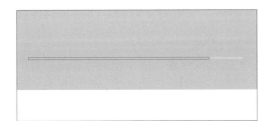

图3-271

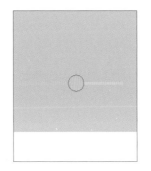

图3-272

提 示

使用"椭圆工具"绘制圆形时，按住Shift键拖曳鼠标可以绘制出正圆；按住Shift+Alt组合键拖曳鼠标，可以单击点为中心绘制正圆；按住Alt键拖曳鼠标，可以单击点为中心绘制出椭圆。

07 单击工具箱中的"横排文字工具"按钮，在画布中输入如图 3-273 所示的文字。单击工具箱中"多边形工具"按钮，设置颜色为白色，边数为 3，在画布中创建形状，如图 3-274 所示。

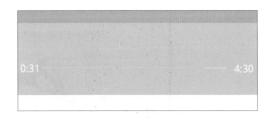

图3-273

图3-274

08 使用相同的方法完成相似图形的制作，如图 3-275 所示。单击工具箱中"横排文字工具"按钮，在画布中输入如图 3-276 所示的文字。

图3-275

图3-276

09 执行"文件＞打开"命令，打开素材图像"素材＼第3章＼351003.png"并拖入画布中，如图3-277所示。最终图像效果如图3-278所示。

图3-277　　　　　图3-278

3.5.11　提示框

提示框在 App 需要用户做出选择或是询问更多信息任务时才能进行下去的情况下使用。提示框的形式可以是简单的"取消/确定"，或是复杂一点的，比如调整设置或者输入文字，如图 3-279 所示。

图3-279

组成

提示框由三部分组成，分别为标题、内容和事件，如图 3-280 所示。

- 标题：主要用于简单描述选择类型。它是可选的，需要的时候赋值即可。
- 内容：主要描述要做出一个什么样的决定。
- 事件：主要允许用户通过确认一个具体操作来继续下一步行动。

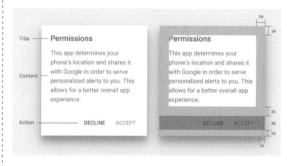

图3-280

内容

提示框的内容是由提示框标题与内容组合而成的。下面对这两部分内容进行详细的讲解。

- 提示框标题：提示框的标题是可选的，用于说明提示的类型，可以是与之相关的程序名，或者是选择后会影响到的内容。例如，设置提示框时标题应该作为提示框的一部分被整体显示出来。

● 提示框内容。提示框的内容是变化多样的，但是在通常情况下，它由文本和（或）其他 UI 元素组成，并且主要用于聚焦于某个任务或者某个步骤。比如"确认""删除"或选择某个选项，如图 3-281 所示。

表现

提示框与父视图是分隔开的，不会随着父视图滚动。如果可以，请尽量保持提示框里的内容不需要滚动。如果滚动的内容太多，那么可以考虑使用其他容器或呈现方式。然而，如果内容是滚动的，那么请使用较明显的方式来提示用户，比如让文字或控件露一截出来，如图 3-282 所示。

图3-281

图3-282

3.6　专家支招

在基于 Android 系统的基础上设计界面时，要注意如今最新 Android M 的界面变化。虽然它们在 UI 以及交互方式上并没有什么变动（包括图标等），主界面看起来与原生的 Lollipop 也没有什么区别，但次级界面与系统应用则是比较彻底地执行了 Material Design 的设计规范，并在底层做了相应的优化。此外，应用程序也有细微的变化。

下面详细介绍这两大版本界面上的细微差别，以方便用户进行界面设计。

3.6.1　锁屏界面

位于屏幕左下角的快速启动功能由之前的"拨号"功能变成了现在的"语音"功能。锁屏画面中的时间字体以加强形式显示，如图 3-283 所示。

图3-283

3.6.2　二级菜单界面

二级菜单的界面改动相当大，采用了 WP 系统的菜单展示方式，由之前的左右滑动设计改为上下滑动。同时，在所有程序上，它还会显示出四个你最近打开的应用程序，方便你在这些程序中进行切换。而右上方的放大镜还可以快速搜索你需要使用的应用程序，如图 3-284 所示。

图3-284

3.6.3　通知中心

通知中心界面中加入了勿扰模式的切换，同时对勿扰模式进行了细腻的处理，细分为"完全静音""仅限闹钟"和"仅限优先打扰"三个不同的场景，如图 3-285 所示。

图3-285

3.6.4　小部件中心

小部件中心和二级菜单界面相一致，并且小部件中心也换成了垂直单一的显示界面，如图 3-286 所示。

图3-286

3.6.5　Google now

在 Google now 做搜索动作时，搜索框下将会同步二级菜单界面中四个你最近打开的应用程序，如图 3-287 所示。

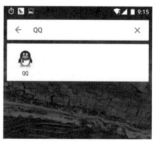

图3-287

3.6.6 新增联系人

新增联系人界面将联系人信息选项进行了折叠。除"姓名""电话"和"电子邮件"外的选项，其他更多的详细信息都整合到"更多字段"内，有填写需要时才点击展开，如图 3-288 所示。

图3-289

图3-288

3.6.7 权限管理

Android M 将权限管理改造了一番，现在可以通过该界面随心所欲地控制应用程序可以访问的内容，譬如通信录、短信或相机等。不需要 ROOT，Android M 将更多的应用权限交由使用者管理，如图 3-289 所示。

3.6.8 设置界面

设置菜单增添了"Google"选项，可以在 Google 选项内方便地管理你的账号和关联的服务，如图 3-290 所示。

图3-290

3.7 总结扩展

通过本章的学习，相信读者对 Android App 系统应用已经有了初步的认识，希望能够在以后的设计工作中给读者提供一定的帮助。

3.7.1 本章小结

本章主要介绍了 Android UI 设计基础、界面设计规范、图标的运用、界面元素以及对基本控件的绘制。只有了解 Android 系统的设计规范及要求，才能在基于 Android 系统的基础上设计出更多更优秀的作品。

3.7.2　举一反三——绘制个人主页界面

案例分析：本案例主要介绍了个人主页的界面制作，其界面风格以简约和高辨识度为基础，采用扁平化的设计风格。在制作时要注意对界面布局进行合理的排列。关于案例的效果，读者可以通过扫描右侧的二维码查看。

色彩分析：这款界面以人物作为主体，以棕色为主色，搭配白色的文字，清晰表明了界面的内容。

教学视频：视频 \ 第 3 章 \3-7.mp4　　源文件：源文件 \ 第 3 章 \3-7.psd

01. 新建文档，导入相应的素材。

02. 使用形状工具绘制矩形，创建剪贴蒙版完成头像的制作。

03. 使用文本工具创建文字。

04. 导入素材完成界面的制作。

App应用实战

　　随着移动智能手机功能的迅速发展，不同种类的App也在近年大量涌现。无论是基于哪种系统设计的界面，首先都应该对界面的分辨率、尺寸以及各个元素的尺寸有明确的认知，然后合理确定画面的主色和辅助色。制作时应该规划出各个功能区的大致框架，然后再逐渐刻画细部。这种从整体到局部的刻画方法可以保证整体效果的美观性。

4.1 App 的分类

随着移动互联网的愈发成熟，购物、社交、看视频、玩游戏等用户的所有上网需求都可以在掌上完成，用户的上网习惯已经由传统的 PC 端正式转向移动端，移动端的 App 应用开始进入高速发展的阶段。

要想设计出色的 App，了解 App 的分类是必需的课程。可以根据应用程序的功能将它们大致分为 5 类，分别为实用功能类、游戏类、社交类、网购支付类以及影音播放类。下面分别介绍。

4.1.1 实用功能类

在生活中，人们经常会遇到各种不同类型的问题。这时候，有智能手机的你就会考虑搜索一些实用类型的 App 软件下载使用，如地图导航 App 软件、天气 App 等，以帮助解决生活中的困扰，如图 4-1 所示。

图4-1

4.1.2 游戏类

在手机 App 游戏迅速发展的今天，手机 App 游戏受到人们的喜爱。手机 App 制作的精美度以及对故事情景的要求也向高质量的

方向发展，如"消灭星星""神庙逃亡"等，如图 4-2 所示。

图4-2

4.1.3 社交类

现代互联网的发展彻底改变了人们的交友方式，传统交友方式的局限性使得社交类 App 软件变得新颖并流行起来。如果用户搜索朋友们都在使用的一款手机 App 应用软件，很快就能搜索到。朋友之间会使用同类型的 App 软件，方便沟通交流。例如现在较为流行的微信、QQ 等社交型 App 应用软件，如图 4-3 所示。

图4-3

4.1.4　网购支付类

随着电子商务的不断发展，网上购物逐渐成为一种时尚的购物方式。电商的出现更加方便了人们的日常生活，实现了足不出户就能够购买商品的需求，如淘宝、京东、天猫和唯品会等，如图4-4所示。

图4-4

4.1.5　影音播放类

随着智能手机的全面普及，我们经常可以看见人们在上下班途中拿着手机、戴着耳机专心致志地欣赏视频，借此方式消磨路上的漫长时光。虽然他们观看的内容不尽相同，可能是美剧、韩剧等，但毫无疑问，视频类应用已经成为智能手机上非常重头的应用。

对于影音视频类 App 来说，内容的质量和数量是最重要的。不过除了这些，用户搜索和观看时的体验、播放界面也是关键要素。如爱奇艺、优酷、腾讯视频、酷狗音乐等，就很注重播放界面的设计，后两者的播放界面如图 4-5 所示。

图4-5

4.2　iOS 应用实战

在前面的章节中已经对 iOS 系统进行了详细的介绍。众所周知，iOS 系统有着数量庞大的 App 应用作为软件的支持，那么接下来我们就来设计基于 iOS 系统的第三方 App 手机界面。

4.2.1 绘制日历界面

案例分析：本案例介绍日历界面的制作，展示日历 App 界面主要包含的内容，并直观展示 iOS 系统的设计尺寸以及界面元素的设计规范。案例中的文本元素较多，要注意各个文本元素字号大小的使用。在制作过程中要注意对其图层不透明度的设置以及每个元素之间的距离，可使用参考线规范每一行元素的距离。最终效果如图 4-6 所示。关于案例的效果，读者可以通过扫描二维码查看，如图 4-7 所示。

色彩分析：界面以半透明的图片作为背景，以白色为主体，搭配蓝色的按钮，增强了文字的可辨识度，使整个界面整洁而不失美观。

图4-8

图4-9

图4-6　　　　　图4-7

使用的技术	矩形工具、椭圆工具、文本工具
规格尺寸	750×1 334（像素）
视频地址	视频 \ 第 4 章 \4-2-1.mp4
源文件地址	源文件 \ 第 4 章 \4-2-1.psd

01 执行"文件 > 新建"命令，新建一个 750×1 334 像素的空白文档，如图 4-8 所示。执行"文件 > 打开"命令，打开素材"素材 \ 第 4 章 \42101.jpg"，将相应的图片拖入画布中，如图 4-9 所示。

02 单击工具箱中的"矩形工具"按钮，在画布中绘制填充为黑色的矩形，如图 4-10 所示。在"图层"面板中设置不透明度为 50%，使用相同的方法将素材"素材 \ 第 4 章 \42102. png"拖入画布中，如图 4-11 所示。

图4-10　　　　　图4-11

03 打开"字符"面板，设置各项参数值，如图 4-12 所示。使用"横排文字工具"在画布中创建文字，如图 4-13 所示。

图4-12　　　　图4-13

04 单击"图层"面板底部的"添加图层样式"按钮，在弹出的"图层样式"对话框中选择"投影"选项，设置如图 4-14 所示的参数。单击工具箱中的"矩形工具"按钮，在画布中绘制填充为白色的矩形，并在"图层"面板中设置不透明度为 20%，如图 4-15 所示。

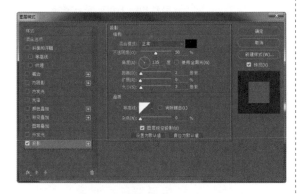

图4-14

图4-15

提 示

用鼠标右键单击图层缩略图，在弹出的快捷菜单中选择"清除图层样式"命令，可一次性清除所有的图层样式；单击图层缩略图后面的小三角，展开图层样式选项，将要删除的选项拖至"图层"面板下方的"删除图层"图标上，就能够删除一个被选中的图层样式。

05 单击工具箱中的"椭圆工具"按钮，在画布中绘制描边为白色、像素为 5 的正圆，如图 4-16 所示。单击工具箱中的"圆角矩形工具"按钮，在画布中绘制填充为白色的圆角矩形，使用组合键 Ctrl+T 将形状旋转 45°，如图 4-17 所示。

图4-16

图4-17

06 使用相同的方法完成相似图形的绘制，选中相应的图层，单击鼠标右键，选择"合并图层"选项，如图 4-18 所示。单击"图层"面板底部的"添加图层样式"按钮，在弹出的"图层样式"对话框中选择"投影"选项，设置如图 4-19 所示的参数。

图4-18

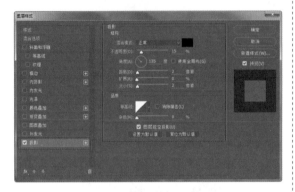

图4-19

07 使用相同的方法完成相似图形的绘制，如图 4-20 所示。执行"视图 > 标尺"命令，在画布中创建参考线，如图 4-21 所示。

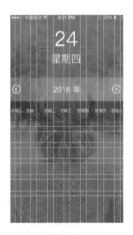

图4-20 图4-21

提 示

　　该界面中的元素非常简单，所以对齐文字的工作就显得非常重要了。请认真使用参考线来辅助对齐，在创建完文本后，可通过执行"视图>清除参考线"命令清除参考线，以免影响接下来的制作。

08 打开"字符"面板，设置各项参数值，如图 4-22 所示。使用"横排文字工具"在画布中创建文字，如图 4-23 所示。

图4-22

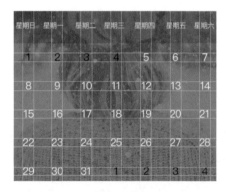

图4-23

09 单击工具箱中的"椭圆工具"按钮，在画布中绘制填充为 RGB（85、218、225）的正圆，如图 4-24 所示。单击工具箱中的"矩形工具"按钮，在画布中绘制填充为黑色的矩形，并在"图层"面板中设置不透明度为 20%，如图 4-25 所示。

图4-24 图4-25

10 单击工具箱中的"椭圆工具"按钮，在画布中绘制填充为白色的正圆，如图 4-26 所示。单击"图层"面板底部的"添加图层样式"按钮，在弹出的"图层样式"对话框中选择"描边"选项，设置如图 4-27 所示的参数。

图4-26

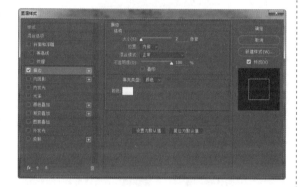

图4-27

11 使用"横排文字工具"在画布中创建文字，如图 4-28 所示。使用相同的方法完成相似图形的制作，如图 4-29 所示。

图4-28

图4-29

12 将相应的图层进行编组，其"图层"面板如图 4-30 所示。最终图像效果如图 4-31 所示。

图4-30

图4-31

4.2.2　绘制音乐播放器界面

　　本节主要展示在 iOS 系统的基础上制作音乐播放器界面的内容以及设计尺寸，希望通过该界面的制作能够给读者的设计带来一定的帮助。

　　案例分析：本案例介绍制作音乐播放器界面，界面中采用扁平化的设计风格。在制作时要耐心地绘制页面中各个元素的按钮，以得到美观而又标准的形状，最终效果如图 4-32 所示。关于案例的效果，读者可以通过扫描二维码查看，如图 4-33 所示。

　　色彩分析：界面中以半透明的图片作为背景，以白色为主体，简单大方，整个界面协调而统一。

图4-32

图4-33

使用的技术	矩形工具、椭圆工具、文本工具
规格尺寸	750×1 334（像素）
视频地址	视频＼第 4 章＼4-2-2.mp4
源文件地址	源文件＼第 4 章＼4-2-2.psd

01 执行"文件＞打开"命令，打开素材"素材＼第 4 章＼42201.jpg"，如图 4-34 所示。新建图层，使用"油漆桶"工具将画布填充为黑色，并在"图层"面板中设置不透明度为 50%，如图 4-35 所示。

图4-34　　　　　　图4-35

02 使用相同的方法将素材"素材＼第 4 章＼42202.png"拖入画布中，如图 4-36 所示。单击工具箱中的"矩形工具"按钮，在画布中绘制填充为白色的矩形，如图 4-37 所示。

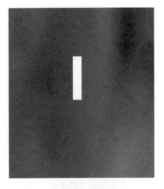

图4-36　　　　　　图4-37

03 使用组合键 Ctrl+T 将图形旋转 45°，如图 4-38 所示。使用相同的方法完成相似图形的绘制，并将相应的图层进行合并，如图 4-39 所示。

图4-38　　　　　　图4-39

04 打开"字符"面板，设置各项参数值，如图 4-40 所示。使用"横排文字工具"在画布中输入文字，效果如图 4-41 所示。

图4-40　　　　　　图4-41

05 使用相同的方法完成其他文本的制作，如图 4-42 所示。单击工具箱中的"矩形工具"按钮，在画布中绘制填充为无、描边为白色、像素为 4 的矩形，如图 4-43 所示。

图4-42　　　　　　图4-43

06 选中该图层，单击鼠标右键，选择"栅格化图层"选项，单击工具箱中的"矩形选框工具"按钮，在画布中绘制创建选区，如图 4-44 所示。按 Delete 键删除图像，如图 4-45 所示。按组合键 Ctrl+D 取消选区。

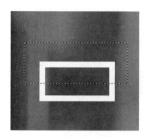

图4-44　　　　　　图4-45

07 单击工具箱中的"自定义形状工具"按钮，选择相应的形状，在画布中绘制图形，如图4-46所示。使用相同的方法完成其他图形的制作，如图4-47所示。

图4-46　　　　　　图4-47

08 单击工具箱中的"椭圆工具"按钮，在画布中绘制填充为白色的正圆，如图4-48所示。使用相同的方法完成其他图形的制作，如图4-49所示。

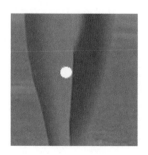
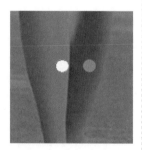

图4-48　　　　　　图4-49

09 单击工具箱中的"矩形工具"按钮，在画布中绘制填充为RGB（60、59、58）的矩形，如图4-50所示。使用相同的方法完成其他图形的制作，如图4-51所示。

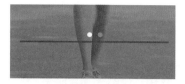

图4-50

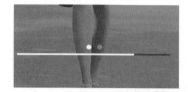

图4-51

> **提 示**
>
> 　　在制作案例的过程中有很多相似的形状，可先在"图层"面板中选择需要复制的图层，然后在按住Alt键的同时将图层拖到新的位置上，即可完成复制操作，提高制作效率。

10 单击工具箱中的"椭圆工具"按钮，在画布中绘制填充为白色的正圆，如图4-52所示。单击"图层"面板底部的"添加图层样式"按钮，在弹出的"图层样式"对话框中选择"投影"选项，设置如图4-53所示的参数。

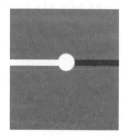

图4-52

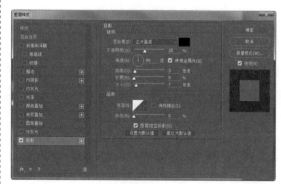

图4-53

11 使用"横排文字工具"在画布中创建文字，如图 4-54 所示。单击工具箱中的"多边形工具"按钮，设置边数为 3，在画布中绘制填充为白色的形状，如图 4-55 所示。

图4-54

思政案例

图4-55

12 使用相同的方法完成其他图形的制作，如图 4-56 所示。最终图像效果如图 4-57 所示。

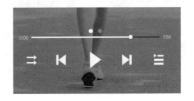

图4-56

图4-57

4.3　Android 应用实战

与 iOS 系统一样，Android 作为当今最为流行的手机系统之一，其应用程序也数不胜数。接下来详细介绍基于 Android 系统设计的 App 界面。

4.3.1　绘制电商界面

电商界面制作的成功与否直接影响着销量的好坏。布局合理的电商界面，其功能应当一目了然。下面通过制作 Android 电商界面，展示该界面的设计规范及要求。

案例分析：本案例制作电商界面，以简洁明了为主。在制作过程中要注意界面内容部分格局的合理分配，以及界面元素的绘制，以达到界面整体美观的效果。最终效果如图 4-58 所示。关于案例的效果，读者可以通

过扫描二维码查看，如图 4-59 所示。

图4-58

图4-59

色彩分析：界面中蓝色为主色，搭配白色的按钮以及灰色的文字，使整个界面清楚明朗。

使用的技术	矩形工具、椭圆工具、文本工具
规格尺寸	1 080×1 920（像素）
视频地址	视频 \ 第 4 章 \4-3-1.mp4
源文件地址	源文件 \ 第 4 章 \4-3-1.psd

01 执行"文件 > 新建"命令，设置"新建"对话框中的各项参数，如图 4-60 所示。单击工具箱中的"矩形工具"按钮，设置颜色为RGB(96、125、139)，在画布中创建如图 4-61 所示的矩形。

图4-60

图4-61

提 示

前面的章节中已经对状态栏以及操作栏的制作方法进行了详细的介绍，此处就不再赘述，在案例的制作过程中都将以png的形式导入画布中。

02 使用相同的方法在画布中绘制矩形，并在

"图层"面板中设置不透明度为 20%，如图4-62 所示。执行"文件 > 打开"命令，打开素材"素材 \ 第 4 章 \43101.png"，将图像拖入画布中，如图 4-63 所示。

图4-62　　　　　　图4-63

03 单击工具箱中的"矩形工具"按钮，设置填充为白色，在画布中创建如图 4-64 所示的矩形。使用相同的方法，按住 Shift 键继续在画布中绘制矩形，选中相应的图层，单击鼠标右键，选择"合并图层"选项，如图 4-65 所示。

图4-64　　　　　　图4-65

04 打开"字符"面板，设置相应的参数，如图 4-66 所示。使用"横排文字工具"在画布中创建文字，如图 4-67 所示。

图4-66　　　　　　图4-67

05 使用相同的方法完成其他形状的制作，如

图 4-68 所示。单击工具箱中的"矩形工具"按钮，设置颜色为 RGB（183、183、183），设置描边为 RGB（235、235、235），在画布中创建如图 4-69 所示的矩形。

图4-68　　　　　　　图4-69

06 单击"图层"面板底部的"添加图层样式"按钮，在弹出的"图层样式"对话框中选择"投影"选项，设置如图 4-70 所示的参数。执行"文件 > 打开"命令，打开素材"素材 \ 第 4 章 \43102.jpg"，将图像拖入画布中，如图 4-71 所示。

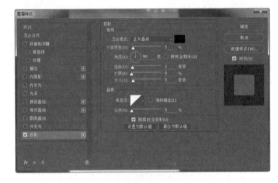

图4-70

图4-71

07 选中相应的图层，单击鼠标右键，在弹出的快捷菜单中选择"创建剪贴蒙版"选项，图像效果如图 4-72 所示。单击工具箱中的"矩形工具"按钮，在画布中绘制矩形，如图 4-73 所示。

图4-72　　　　　　　图4-73

08 打开"字符"面板，设置相应的参数，如图 4-74 所示。使用"横排文字工具"在画布中创建文字，如图 4-75 所示。

图4-74　　　　　　　图4-75

09 使用相同的方法完成其他模块的绘制，如图 4-76 所示。单击工具箱中的"椭圆工具"按钮，在画布中创建如图 4-77 所示的正圆。

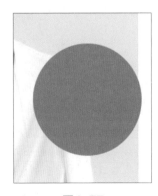

图4-76　　　　　　　图4-77

10 单击"图层"面板底部的"添加图层样式"按钮,在弹出的"图层样式"对话框中选择"投影"选项,设置如图 4-78 所示的参数。在"图层"面板中设置填充为 0%,如图 4-79 所示。

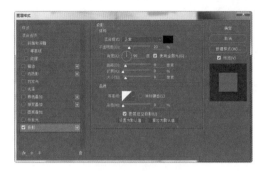

图4-78

图4-79

11 复制"椭圆 4"得到"椭圆 4 拷贝"图层,单击"图层"面板底部的"添加图层样式"按钮,在弹出的"图层样式"对话框中选择"投影"选项,设置如图 4-80 所示的参数。使用"椭圆工具"在画布中创建填充为 RGB(96、125、139)的正圆,如图 4-81 所示。

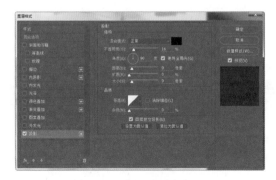

图4-80

图4-81

> **提 示**
>
> 在设置"投影"选项时,用户可以在"图层样式"对话框打开的情况下,直接在文档中进行拖动,以调整投影的距离和角度。

12 单击工具箱中的"矩形工具"按钮,在画布中绘制填充为白色的矩形,如图 4-82 所示。使用相同的方法完成图形的绘制,并将相应图层进行编组,如图 4-83 所示。

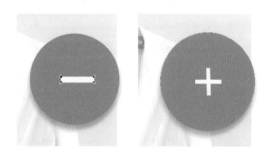

图4-82　　　　　　　图4-83

13 执行"文件 > 打开"命令,打开素材"素材 \ 第 4 章 \43108.png",如图 4-84 所示。其最终图像效果如图 4-85 所示。

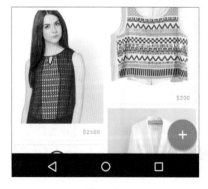

图4-84

图4-85

4.3.2 绘制社交界面

前面的章节中已经对 Android 界面的设计规范进行了详细的讲解。下面通过制作 Android 系统的社交界面，展示该界面的组成元素以及排列布局。

案例分析：本案例制作社交聊天导航抽屉界面，它的外观风格为简洁清楚。本案例的制作过程并不难，界面都是由简单的图片以及形状构成的，页面配色也非常简单，但在制作时要注意界面文字及小图标的整体排列布局，可使用参考线来规范每行之间的距离。最终效果如图 4-86 所示。关于案例的效果，读者可以通过扫描二维码查看，如图 4-87 所示。

图4-86

图4-87

色彩分析：界面中主色为白色，搭配灰色的按钮以及文字，呈现朴素干净的感觉，添加了少许蓝色，为页面增添了一丝活力。

使用的技术	矩形工具、椭圆工具、多边形工具
规格尺寸	1 080 × 1 920（像素）
视频地址	视频\第 4 章\4-3-2.mp4
源文件地址	源文件\第 4 章\4-3-2.psd

01 执行"文件 > 新建"命令，设置"新建"对话框中的各项参数，如图 4-88 所示。单击工具箱中的"矩形工具"按钮，设置颜色为RGB（0、235、255），在画布中创建如图 4-89所示的矩形。

图4-88

图4-89

02 执行"文件 > 打开"命令，打开素材图像"素材\第 4 章\43201.png"并拖入画布中，如图 4-90 所示。单击工具箱中的"直线工具"按钮，设置颜色为白色，设置线条粗细为 6像素，在画布中创建如图 4-91 所示的直线。

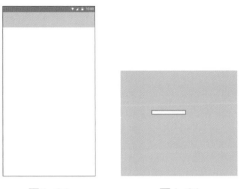

图4-90   图4-91

03 复制"形状 1"图层，得到"形状 1 拷贝"和"形状 1 拷贝 2"图层，调整位置，如图 4-92 所示。使用相同的方法完成相似内容的制作，如图 4-93 所示。

图4-92

图4-93

04 选择"横排文字工具"，设置如图 4-94 所示的参数。在画布中输入如图 4-95 所示的文字。

图4-94

图4-95

05 使用相同的方法输入如图 4-96 所示的文字。使用"多边形工具"设置如图 4-97 所示的参数，在画布中绘制图形。

图4-96

图4-97

06 单击工具箱中的"直线工具"按钮，在画布中绘制填充为黑色、粗细为 3 像素的直线，如图 4-98 所示。设置图层"不透明度"为 8%，图像效果如图 4-99 所示。

图4-98

图4-99

07 使用相同的方法完成其他内容的制作，如图 4-100 所示。将相关图层编组，重命名为"消息"，"图层"面板如图 4-101 所示。

图4-100　　　　　图4-101

08 执行"文件 > 打开"命令，打开素材图像"素材 \ 第 4 章 \43202.png"并拖入画布中，如图 4-102 所示。新建图层，将画布填充为黑色，并在"图层"面板中设置"不透明度"为 35%，如图 4-103 所示。

图4-102　　　　　图4-103

09 单击工具箱中的"矩形工具"按钮，设置颜色为白色，在画布中创建如图 4-104 所示的矩形。单击工具箱中的"矩形工具"按钮，在画布中创建任意颜色的矩形，如图 4-105 所示。

10 执行"文件 > 打开"命令，打开素材图像"素材 \ 第 4 章 \43203.jpg"并拖入画布中，如图 4-106 所示。单击鼠标右键，为图层创建剪贴蒙版，"图层"面板如图 4-107 所示。

图4-104　　　　　图4-105

图4-106　　　　　图4-107

11 单击工具箱中的"矩形工具"按钮，设置颜色为黑色，在画布中绘制矩形，并设置图层"不透明度"为 20%，如图 4-108 所示。单击工具箱中的"椭圆工具"按钮，在画布中创建任意颜色的正圆，如图 4-109 所示。

图4-108　　　　　图4-109

12 使用相同的方法打开素材图像"素材 \ 第 4 章 \43204.jpg"并拖入画布中，创建剪贴蒙版，如图 4-110 所示。使用"横排文字工具"在画布中输入如图 4-111 所示的文字。

图4-110　　　　　　图4-111

13 单击工具箱中的"多边形工具"按钮，设置颜色为 RGB（125、125、125），在画布中绘制如图 4-112 所示的形状。使用相同方法完成其他内容的绘制，如图 4-113 所示。

图4-112　　　　　　图4-113

14 选择"横排文字工具"，设置如图 4-114 所示的参数。在画布中输入如图 4-115 所示的文字。

图4-114　　　　　　图4-115

15 单击工具箱中的"直线工具"按钮，在画布中绘制填充为黑色、粗细为 3 像素的直线，如图 4-116 所示。设置图层"不透明度"为 8%，图像效果如图 4-117 所示。

图4-116　　　　　　图4-117

16 将相关图层编组，重命名为"列表 1"，"图层"面板如图 4-118 所示。使用相同方法完成"列表2"的制作，图像效果如图 4-119 所示。

图4-118　　　　　　图4-119

17 执行"文件 > 打开"命令，打开素材图像"素材\第 4 章\43204.png"并拖入画布中，如图 4-120 所示。完成界面的制作，最终图像效果如图 4-121 所示。

图4-120　　　　　　图4-121

4.4 专家支招

时代总是在螺旋式地发展变化中，设计潮流也是如此。随着移动端扁平化设计的推进，越来越多的设计师已经不满足于仅仅是色块、图标和系统字体的枯燥组合，而把更多的心思投入到精益求精的视觉设计中。从平面设计引申过来的技巧在这时起到了画龙点睛的作用。例如，对一些细节的处理，为移动产品的界面大大地提升了品牌格调。下面简单从几方面介绍如何从细节提升 App 设计。

> **提 示**
>
> 无论高端的App界面如何体现，都可以总结为一点，就是做到化繁为简，以小见大，不但要做出效果，还要有技巧。要用心从细节上营造产品气质，给用户带来愉悦感，为品牌获得认同感，形成一股独有的产品气场。

4.4.1 选用符合产品气质的字体

字体是设计师的重要武器之一。恰当的字体运用，可以使产品的定位和内容的情感有加倍的表达。不管是哪个平台，移动系统自带的中文字体实在是少之又少，而且并没有什么特色。内嵌字体成为一些追求完美的 App 设计师的一个解决方案，如图 4-122 所示。

图4-122

4.4.2 巧用排版技巧

App 界面上除了内容图片之外，基本上没有黑白以外的其他色彩元素。通过衬以黑底的高亮白字，既是内容，又是装饰，贯穿在整个 App 设计元素中；调节这些文字与其他内容之间的间距，又在排版上起到作为点、作为线，甚至作为面的不同功能，如图 4-123 所示。

图4-123

4.4.3 图片的水印式装饰

水印式的题图运用在产品界面上，会给人眼前一亮的惊喜。当界面中的题图经过有针对性的水印式文字排版，都能够让用户看到更大的世界。虽然在排版上只有文字和少量装饰，但字体和色彩的整体感较强，也能够显得统一和谐、十分大气，如图 4-124 所示。

图4-124

4.4.4　海报式的图文分享

　　海报风格的图片分享是在信息爆炸时代抓住路人眼球的一个好办法。比如美食推荐 App，以海报的形式与内嵌的字体统一展示的 App 界面又别有一番风味，如图 4-125 所示。

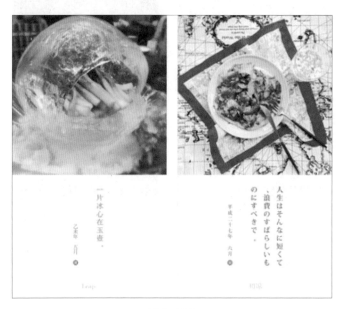

图4-125

4.4.5　动起来的界面

　　除了平面设计的元素之外，精心策划的视频式启动页也为产品格调增色不少，如图 4-126 所示。

图4-126

除了紧跟时代前沿的科技和设计趋势之外，回顾经典和审视生活，修炼细节，也是提炼设计概念的重要方法之一。

4.5 总结扩展

App 的种类数不胜数，在设计 App 界面之前不但要对其界面有所了解，还要熟练掌握不同形状的制作方法。只有在日常生活中不断反复练习及揣摩，才能设计出别具一格的 App 界面。

4.5.1 本章小结

本章主要简单介绍 App 的分类、如何提升 App 界面设计的水平以及不同类型的 App 界面的制作方法及过程，希望能够对用户的 App 界面设计起到一定的帮助作用。

4.5.2 举一反三——绘制酒店首页界面

案例分析：本案例主要介绍了酒店 App 的启动页，其界面风格以简约为主，使用不同大小的椭圆进行排列布局，简单而又大方，主题突出，一目了然。关于案例的效果，读者可以通过扫描右侧的二维码查看。

色彩分析：界面中以模糊半透明的图片作为背景，搭配白色的形状及文字，使得整个界面显得神秘而具有艺术感。

教学视频：视频 \ 第 4 章 \4-5.mp4　　源文件：源文件 \ 第 4 章 \4-5.psd

01. 新建文档，导入相应的素材，并设置高斯模糊效果。

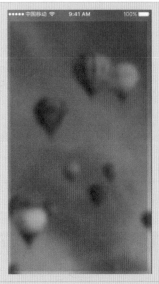

02. 导入相应的素材，使用矩形工具创建形状。

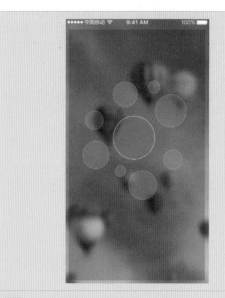

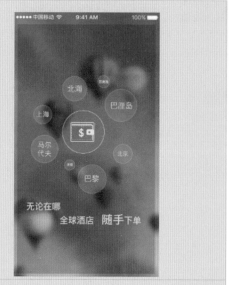

03. 使用椭圆工具绘制形状。	*04*. 使用文本工具创建文字，并创建相应的形状。